职业教育烹饪（餐饮）类专业"以工作过程为导向"
课程改革"纸数一体化"系列精品教材

XIANDAI CHUSHI BIXIU

现代厨师必修

主　编　牛京刚　范春玥
副主编　刘雪峰　向　军
参　编　王　辰

U0370347

华中科技大学出版社
http://www.hustp.com
中国·武汉

内 容 提 要

本书为职业教育烹饪(餐饮)类专业"以工作过程为导向"课程改革"纸数一体化"系列精品教材。

本书以一名初学者李宇的学习进程为主线,以厨房工作需求为主要学习内容,共设立四个学习单元,即"领略中餐历史文化""走进现代中餐厨房""掌握厨房成本核算""配制营养健康膳食"。

本书可供职业教育烹饪(餐饮)类专业学生使用,同时也可作为餐饮爱好者自学用书。

图书在版编目(CIP)数据

现代厨师必修/牛京刚,范春玥主编.—武汉:华中科技大学出版社,2020.9
ISBN 978-7-5680-6575-7

Ⅰ.①现… Ⅱ.①牛… ②范… Ⅲ.①中式菜肴-烹饪-中等专业学校-教材 Ⅳ.①TS972.117

中国版本图书馆 CIP 数据核字(2020)第 178516 号

现代厨师必修
Xiandai Chushi Bixiu

牛京刚　　范春玥　主编

策划编辑:汪飒婷
责任编辑:孙基寿
封面设计:原色设计
责任校对:张会军
责任监印:周治超
出版发行:华中科技大学出版社(中国·武汉)　　电话:(027)81321913
　　　　　武汉市东湖新技术开发区华工科技园　　邮编:430223
录　　排:华中科技大学惠友文印中心
印　　刷:湖北新华印务有限公司
开　　本:889mm×1194mm　1/16
印　　张:10.25
字　　数:248 千字
版　　次:2020 年 9 月第 1 版第 1 次印刷
定　　价:49.80 元

职业教育作为一种类型教育,其本质特征诚如我国职业教育界学者姜大源教授提出的"跨界论":职业教育是一种跨越职场和学场的"跨界"教育。

习近平总书记在十九大报告中指出,要"完善职业教育和培训体系,深化产教融合、校企合作",为职业教育的改革发展提出了明确要求。按照职业教育"五个对接"的要求,即专业与产业、职业岗位对接,专业课程内容与职业标准对接,教学过程与生产过程对接,学历证书与职业资格证书对接,职业教育与终身学习对接,深化人才培养模式改革,完善专业课程体系,是职业教育发展的应然之路。

国务院印发的《国家职业教育改革实施方案》(国发〔2019〕4 号)中强调,要借鉴"双元制"等模式,校企共同研究制定人才培养方案,及时将新技术、新工艺、新规范纳入教学标准和教学内容,建设一大批校企"双元"合作开发的国家规划教材,倡导使用新型活页式、工作手册式教材并配套开发信息化资源。

北京市劲松职业高中贯彻落实国家职业教育改革发展的方针和要求,与大董餐饮投资有限公司及 20 余家星级酒店深度合作,并联合北京、山东、河北等一批兄弟院校,历时两年,共同编写完成了这套"职业教育烹饪(餐饮)类专业'以工作过程为导向'课程改革'纸数一体化'系列精品教材"。教材编写经历了行业企业调研、人才培养方案修订、课程体系重构、课程标准修订、课程内容丰富与完善、数字资源开发与建设几个过程。其间,以北京市劲松职业高中为首的编写团队在十余年"以工作过程为导向"的课程改革基础上,根据行业新技术、新工艺、新标准以及职业教育新形势、新要求、新特点,以"跨界""整合"为学理支撑,产教深度融合,校企密切合作,审纲、审稿、论证、修改、完善,最终形成了本套教材。在编写过程中,编委会一直坚持科研引领,2018 年12 月,"中餐烹饪专业'三级融合'综合实训项目体系开发与实践"获得国家级教学成果奖二等奖,以培养综合职业能力为目标的"综合实训"项目在中餐烹饪、西餐烹饪、高星级酒店运营与管理专业的专业核心课程中均有体现。凸显"跨界""整合"特征的《烹饪语文》《烹饪数学》《中餐烹饪英语》《烹饪体育》等系列公共基础课职业模块教材是本套教材的另一特色和亮点。大董餐饮投资有限公司主持编写的相关教材,更是让本套教材锦上添花。

    本套教材在课程开发基础上,立足于烹饪(餐饮)类复合型、创新型人才培养,以就业为导向,以学生为主体,注重"做中学""做中教",主要体现了以下特色。

    1. 依据现代烹饪行业岗位能力要求,开发课程体系

    遵循"以工作过程为导向"的课程改革理念,按照现代烹饪岗位能力要求,确定典型工作任务,并在此基础上对实际工作任务和内容进行教学化处理、加工与转化,开发出基于工作过程的理实一体化课程体系,让学生在真实的工作环境中,习得知识,掌握技能,培养综合职业能力。

    2. 按照工作过程系统化的课程开发方法,设置学习单元

    根据工作过程系统化的课程开发方法,以职业能力为主线,以岗位典型工作任务或案例为载体,按照由易到难、由基础到综合的逻辑顺序设置三个以上学习单元,体现了学习内容序化的系统性。

    3. 对接现代烹饪行业和企业的职业标准,确定评价标准

    针对现代烹饪行业的人才需求,融入现代烹饪企业岗位工作要求,对接行业和企业标准,培养学生的实际工作能力。在理实一体教学层面,夯实学生技能基础。在学习成果评价方面,融合烹饪职业技能鉴定标准,强化综合职业能力培养与评价。

    4. 适应"互联网＋"时代特点,开发活页式"纸数一体化"教材

    专业核心课程的教材按新型活页式、工作手册式设计,图文并茂,并配套开发了整套数字资源,如关键技能操作视频、微课、课件、试题及相关拓展知识等,学生扫二维码即可自主学习。活页式及"纸数一体化"设计符合新时期学生学习特点。

    本套教材不仅适合于职业院校餐饮类专业教学使用,还适用于相关社会职业技能培训。数字资源既可用于学生自学,还可用于教师教学。

    本套教材是深度产教融合、校企合作的产物,是十余年"以工作过程为导向"的课程改革成果,是新时期职教复合型、创新型人才培养的重要载体。教材凝聚了众多行业企业专家、一线高技能人才、具有丰富教学经验的教师及各学校领导的心血。教材的出版必将极大地丰富北京市劲松职业高中餐饮服务特色高水平骨干专业群及大董餐饮文化学院建设内涵,提升专业群建设品质,也必将为其他兄弟院校的专业建设及人才培养提供重要支撑,同时,本套教材也是对落实国家"三教"改革要求的积极探索,教材中的不足之处还请各位专家、同仁批评指正! 我们也将在使用中不断总结、改进,期待本套教材能产生良好的育人效果。

职业教育烹饪(餐饮)类专业"以工作过程为导向"课程改革

"纸数一体化"系列精品教材编委会

　　本书编写遵循"以工作过程为导向"的课程改革理念,依据教育部印发的《职业院校教材管理办法》规定:专业课程教材要充分反映产业发展最新进展,对接科技发展趋势和市场需求,及时吸收比较成熟的新技术、新工艺、新规范等,具有较强的知识性、应用性和时代性。

　　本书以一名初学者李宇的学习进程为主线,以厨房工作需求为主要学习内容,共设立四个学习单元,各学习单元包含若干学习任务。第一单元"领略中餐历史文化",让学生体会中餐文化的博大精深及菜系魅力,激发学生的学习兴趣。第二单元"走进现代中餐厨房",引导学生认识专业厨房的环境、厨房的组织结构及安全操作知识,了解食品污染、垃圾分类等与专业紧密相关的知识及要求,深化学生对专业的全面认知。第三单元"掌握厨房成本核算",让学生了解厨房成本控制的关键环节,掌握菜品成本的构成、销售价格的核算方法,帮助学生树立成本意识。第四单元"配制营养健康膳食",主要内容包括六大营养素、烹饪中的营养保护及食品卫生的相关知识,使学生在掌握烹饪技艺的同时重视营养的搭配,倡导健康饮食。

　　本书中呈现的基础知识较多,为更好地体现"以工作过程为导向""学中做、做中学"的课程改革理念,本书在体例设计上注重学习效果和适用性,每个学习任务由任务描述、学习目标、任务学习过程、任务评价、实践活动(练习与作业)、知识链接六个环节构成,本书图文并茂,知识学习与实践应用相结合,使学生在完成学习任务的同时,掌握必要的理论知识。

　　本书具有以下三大特色。

　　一是立足综合素质培养,知识介绍全面、适度、够用。本书四个学习单元,涉及中餐发展历史、文化、菜系特色、用餐礼仪、中餐厨房组织管理、工作流程、食品卫生安全、菜品成本核算、膳食营养健康等知识。本着知识介绍全面、适度、够用的原则,选取特色内容,丰富学生专业知识体系,培养学生综合素养。

　　二是紧扣现代餐饮发展脉搏,体现厨师素养的现代化、信息化特征。本书立足行业前沿,选取了一些颇具时代气息的知识内容。如垃圾分类,尤其重点讲述了餐饮业厨房垃圾的分类方法。如结合疫情教育,设计了分餐制内容,还提供了行业协会的标准作为知识拓展。如中央厨房,让学生了解现代厨房集中生产方式和运作流程。再如智能机器人在餐饮服务中的应用等。知识内容的时代性特征预示着现代厨师应具备现代化、信息化素养。

　　三是突出"纸数一体化"设计,符合新时代学生学习特点。"互联网＋"时代的到来,学生的学习方式也发生了极大变革。混合式学习打破了学习时空界限,移动终端成为学生主要的学习工具。本书的练习题以扫码进行在线答题的形式呈现,部分知识介绍和知识链接采取扫码形式学习和浏览,十分符合新时代学生的学习特点。此外,编者还为教师教学提供了成套课件,也可作为学生自学的资源。

　　本书可供职业教育餐饮类专业学生使用,同时也可作为餐饮爱好者自学用书。

　　本书由全国餐饮业优秀教师、中国烹饪大师牛京刚及北京市骨干教师范春玥担任主编,刘雪峰、王辰任副主编,向军参编。本书在编写过程中得到了北京市课改专家杨文尧校长、北京市烹饪特级教师李刚校长的指导,还得到了大董餐饮投资有限公司、北京香港马会会所等餐饮企业的大力支持,在此一并表示衷心感谢!

　　由于编者水平有限,书中不妥之处在所难免,恳请广大读者提出宝贵意见和建议。

编　者

Note

目　录

CONTENTS

Note

第一单元

领略中餐历史文化

一、概述

中餐烹饪历史悠久，文化内涵丰富。历经几千年的沉淀积累，发展到今天已极为繁荣：地方流派众多，菜系丰富。本单元从中餐烹饪历史、中餐烹饪特点、中餐菜系、中餐风味等方面进行介绍。依据课程标准，结合厨房岗位要求，将学习内容分别划分为五个工作任务，将中餐文化的理论要点贯穿其中，使学生在完成工作任务的同时，更好地理解掌握所学知识。

二、学习目标

（1）掌握中餐烹饪不同发展阶段的特点。

（2）体会中国古代饮食文化特点及近现代饮食文化的发展。

（3）学习中餐用餐礼仪。

（4）了解四大菜系主要烹调技法的形成背景、主要特点。

（5）了解四大菜系主要特色及代表菜。

三、学习要求

（1）能借助网络学习方式完成部分学习任务。

（2）走进博物馆、特色餐馆，感受专业知识。

任务一

了解中餐烹饪历史

扫码看课件

【任务描述】

张师傅(某酒店中餐厨房中级厨师)要求李宇(某中职学校中餐烹饪专业学生)搜集几种中国古代烹饪器皿,并且对器皿的材质、功能及使用时期进行分析,从这些资料中了解中国烹饪文化的起源。

【学习目标】

(1)了解古代鼎、罐、盘、碗、簋等器具的材质、功能及使用时期。

(2)收集中国古代餐饮器具的发展知识,了解中餐烹饪的起源与发展。

(3)掌握中餐烹饪不同发展时期的主要特点。

【任务学习过程】

用火熟食,是中餐烹饪的起源,也是人类餐饮文明的开始。据考古学者发现,新石器时代,我国已经有稳定的食物原料和人工制造的陶制炊具等,烹饪进入了萌芽时期。

一、古代餐饮器具

(一)陶器

陶鼎(图 1-1-1),新石器时代出现的炊器,用于煮食物,一般为夹砂陶。器形大多为圆形,深腹,圆底或平底,有圆柱形或扁片形的三足。有的有双耳,带盖。最早见于河南新郑裴李岗和河北武安磁山遗址。商周青铜鼎成为礼制重器,陶鼎地位随之提高,也有礼制意义。战国至汉代出现铅釉陶鼎和彩绘陶鼎,多作为随葬明器。汉代以后消失。

关于陶鬶(图 1-1-2)的定义,早在汉代便有结论。《说文解字·鬲部》曰:陶鬶为"三足釜也,有柄可持,有喙可写物"。喙,即鸟嘴。鬶是山东龙山文化的典型器之一,起源于大汶口文化中期,盛行于大汶口文化晚期和龙山文化阶段。

陶甑(图 1-1-3),古代陶制炊器。圆形,底有方孔或圆孔,有的在器壁近底处也有孔,置于鼎、釜等上面蒸食物用。

(二)青铜器

商后母戊鼎(司母戊鼎)(图 1-1-4)高 133 厘米、口长 110 厘米、口宽 79 厘米,重 832.84 千克;"器厚立耳,折沿,腹部呈长方形,下承四柱足。器腹四转角、上下缘中部、足上部均置扉棱。以云雷纹为地,器耳上饰一列浮雕式鱼纹,耳外侧饰浮雕式双虎食人首纹,腹部周缘饰饕餮纹,柱

Note

图 1-1-1　陶鼎

图 1-1-2　陶鬹

图 1-1-3　陶甑

足上部饰浮雕式饕餮纹，下部饰两周凸弦纹。"器腹部内壁铸铭"后母"，是商王母亲的庙号。商后母戊鼎鼎身与四足为整体铸造，鼎耳则是在鼎身铸成之后再装范浇铸而成的。

簋（图 1-1-5）是古代中国用于盛放煮熟饭食的器皿，也用作礼器，圆口，双耳。流行于商朝至东周，是中国青铜器时代标志性青铜器具之一。

世界上出土的最古老的冶炼铁器（图 1-1-6），是土耳其（安纳托利亚）北部赫梯先民墓葬中出土的铜柄铁刃匕首，距今约 4500 年。该文物年代经检测认定为冶炼所得。但此文物所代表的年代至冶炼铁器普及，长达 1000 年。中东地区鲜有出土新的冶炼铁器，故其为十分珍贵的孤例。中国发现的最古老的冶炼铁器是甘肃省临潭县磨沟寺洼文化墓葬出土的两块铁条，距今 3000余年。

图 1-1-4　商司母戊鼎

图 1-1-5　簋

图 1-1-6　铁器

用漆涂在各种器物的表面上所制成的日常器具及工艺品、美术品等，一般称为漆器（图 1-1-7）。生漆是从漆树割取的天然液汁，主要由漆酚、漆酶、树胶质及水分构成。用它作涂料，有耐潮、耐高温、耐腐蚀等特殊功能，又可以配制出不同色漆，光彩照人。在中国，从新石器时代起就认识了漆的性能并用以制器。历经商周直至明清，中国的漆器工艺不断发展，达到了相当高的水平。中国的炝金、描金等工艺品，对日本等地都有深远影响。漆器是中国古代在化学工艺及工艺美术方面的重要发明。

瓷器（图 1-1-8）是由瓷石、高岭土、石英石、莫来石等烧制而成，外表施有玻璃质釉或彩绘的物器。瓷器的成形要通过在窑内经过高温（1280～1400 ℃）烧制，瓷器表面的釉色会因为温度的不同从而发生各种化学变化，是中华文明展示的瑰宝。

中国是瓷器的故乡，瓷器是古代劳动人民的一个重要的创造。谢肇淛在《五杂俎》记载："今俗语窑器谓之磁器者，盖磁州窑最多，故相延名之，如银称米提，墨称腜糜之类也。"当时出现的以"磁器"代窑器是由磁州窑产量最多所致。这是迄今发现最早使用瓷器称谓的史料。

平底碗（图 1-1-9）又称实足碗，东汉至唐常见碗式之一，器呈直口，弧腹，平底。其平底为烧

图 1-1-7　漆器

图 1-1-8　瓷器

图 1-1-9　平底碗

坯过程中对碗足部分采用平切工艺制成。东汉时碗底略向内凹,碗形有半球形和口沿内敛两种,腹上部鼓,下部内收。三国时期平底碗内有叠烧支钉痕。西晋时碗口较大,腹浅,平底小。东晋时以大口小底为多,腹部装饰网格纹,造型简洁实用,腹深中等,平底或假圈足。南朝时口缘变薄,腹深加大,器底小而厚,足台明显,有饼形足或假圈足。延续至明清时期。

如意尊(图 1-1-10)是雍正朝创新之器形。传世品中如意尊多出自雍正官窑,品种有青花、青花釉里红(南京博物馆藏)、仿哥釉(张宗宪藏)、斗彩、粉青釉(北京故宫博物院藏)等,纹饰有如此器的缠枝莲花、花果纹(台北故宫博物院藏)、宝相花纹等。

牛头尊(图 1-1-11)是瓷制尊器的一种。大口,口以下渐放,垂腹,圈足,造型为口稍巨,直下至肩,无颈,腹较肩尤巨,至底稍杀,旁有两耳者居多,肩两侧有对称的蟠螭耳、戟耳或兽头耳,形似牛头,故得此名。

罐(图 1-1-12)是盛东西用的大口器皿,多为陶瓷制品。现在也多用玻璃制成,具有密封效果。

图 1-1-10　如意尊

图 1-1-11　牛头尊

图 1-1-12　罐

二、古代餐饮文献

《随园食单》(图 1-1-13),为古代中国烹饪著作,共一卷。身为乾隆才子、诗坛盟主,袁枚一生著述颇丰,作为一位美食家,《随园食单》是其四十年美食实践的产物,以文言随笔的形式,细腻地描摹了乾隆年间江浙地区的饮食状况与烹饪技术,用大量的篇幅详细记述了中国十四世纪至十八世纪流行的 326 种南北菜肴饭点,也介绍了当时的美酒名茶,是清代一部非常重要的中国饮食名著。

图 1-1-13　《随园食单》

《千金食治》(图 1-1-14)是我国古代的重要食疗专著。《千金食治》即是《备急千金要方》原书的第 26 卷,书中论述了日常生活中所食用的果、菜、谷、肉的性、味、药理作用、服食禁忌及治疗效果等。

《吕氏春秋·本味篇》(图 1-1-15)为战国末年著名政治家、思想家、商人吕不韦所著《吕氏春秋》第 14 卷,记载了伊尹以"至味"说汤的故事。它主要是说任用贤才、推行仁义之道可得天下而成为天子,享用人间所有美味佳肴,其中阐述了我国乃至世界上最古老的烹饪理论,提出了一份内容丰富的食单,记载了商汤时期的美食,是研究我国古代烹饪史的一份重要资料。

《山家清供》(图 1-1-16)广收博采,收录以山野所产的蔬菜(豆、菌、笋、野菜等)、水果(梨、橙、杏、李等)、动物(鸡、鸭、羊、鱼、虾、蟹等)为主要原料的食品,及其名称、用料、烹制方法,行文间有涉掌故、诗文等。内容丰富,涉猎广泛。

图 1-1-14　《千金食治》

图 1-1-15　《吕氏春秋本味篇》

图 1-1-16　《山家清供》

三、古代关于饮食的文字

鼎(图 1-1-17)(dǐng),部首"鼎"。

罐(guàn),从"缶",表示与瓦器有关。本义:用陶或金属制成的汲水器、容器。

图 1-1-17　鼎

盘(图 1-1-18)(pán),包括盤、槃、柈、鎜。

碗,饮食的器皿,上面口大而圆。

图 1-1-18　盘

簋(图 1-1-19)(guǐ),是中国古代用于盛放煮熟饭食的器皿,也用作礼器,流行于商朝至东周,是青铜器时代标志性青铜器具之一。

图 1-1-19　簋

四、中餐烹饪历史各阶段的主要特点

烹饪最早的含义是用火熟食,它是人类饮食由生食到熟食、由野蛮走向文明的开始,也是人类饮食区别于动物本能饮食的分水岭。

(一)中餐烹饪萌芽时期的特点

中餐烹饪萌芽时期很长,中国先民从完全依赖自然的采集渔猎跃进到主动改造自然的生产活动中,开始农耕和畜牧。

❶ **炊餐器具基本齐备**　陶器是当时的主要炊具。最初,人们是用篝火、火塘、火灶来加热制熟食,但由于它们不能移动,就开始制作出既能移动、又可与其他炊具配合使用的陶灶、陶炉。然而这些可移动的陶制炉灶在较长时间承受高温火力后易烧裂破损,为弥补它们的缺陷,便出现了鼎。鼎大多有三只足,是釜与灶结合的炊具,接着又出现了可以煮饭的陶鬲,可以烧水的陶鬶等。

❷ **采集渔猎与农耕畜牧原料并重**　在新石器时代,人们逐渐掌握了种植谷物和养殖禽畜的

Note

技术,黄河流域及长江中下游一带的农业已相当发达,粟、黍、稻成为主要农作物,并栽培了芥菜、白菜等蔬菜品种。家畜饲养以猪、狗为主,还有少量的马、牛、羊、鸡等。尽管如此,由于生产技术和各种条件的局限,还不能完全满足人们的饮食需要,必须通过采集渔猎获得天然、野生的动植物进行补充。

❸ **烹调技艺初步形成**　在陶器出现以前,原始的烹饪是直接用火熟食,只有烧、烤、煨、熏等烹饪方法。中国新石器时代的制陶工艺表明,作为炊具使用的陶釜、陶鼎等,在制作中大多加入砂粒、碎稻草、稻壳、植物茎叶或蚌壳末等掺和料,增加了陶器的耐热急变性能。相传在这一时期,黄帝之臣夙沙氏最早开始煮海水取盐。人们知其味后便开始用盐作为调料来调制食物,烹饪真正进入有烹调的阶段。

(二)中餐烹饪初步形成时期的特点

中餐烹饪的初步形成时期大约始于公元前 21 世纪,止于公元前 221 年,属于夏、商、西周和春秋战国时期,几乎伴随着中国奴隶社会的产生、发展与衰亡。

❶ **炊餐器具种类多样,以青铜器具和白陶器为主**　在夏商周时期,人们用青铜铸造多种多样的炊餐器具。其中,青铜炊具有鼎、鬲、镬、釜等,青铜制的切割器或取食器有刀、俎、箸、勺等,青铜制的盛器有簋、豆、盘、敦等,酒器有尊、壶、爵、角、瓶、斗、舟、卮、杯、觥等。它们形制多样,纹饰各异,品种繁多。青铜器不仅是炊餐器具,而且是礼器。鼎的种类多样,有专门供烹饪用的镬鼎,有供席间陈设用的升鼎,有准备加餐用的羞鼎等。周代,宴飨用鼎有严格的等级制度,规定地位最高的天子用九鼎,诸侯用七鼎、五鼎,地位最低的用三鼎。平民百姓仍然大量使用陶器,不过,人们在陶器制作中不断改进提高,采用不同原料,利用高温烧制技术、施釉技术,逐渐制作出质地精致的白陶器,进而在商代中期创制出原始瓷器。

❷ **食物原料以种植、养殖产品为主并迅速增加**　夏商周时期,中国大多数地区的农业、畜牧业都被《诗经》等典籍记载。当时的谷物原料有黍、稷、菽、麦、稻、粟、麻等品种,蔬菜有瓜、瓠、葵、韭、芹、芥、藕、芋、蒲、青、莼、莱菔、菌等品种,果实有桃、李、枣、榛、栗、枸、杏、梨、桑葚、橘、柚、芰、菱、杜、山楂等品种,家禽家畜有鸡、鹅、马、牛、羊、犬等。人们通过不断实践,已经发现了许多调味料,如:盐、酱、豆豉、梅、醯(即醋)、蜂蜜、饴糖、花椒、姜、桂、蓼、芎、薤、葱蒜、芥酱和酒等。

❸ **烹饪工艺形成初具格局**　在夏商周时期,人们在制作食品的过程中,已经开始按时令和卫生要求选择原料。刀工日益精湛,注意分档取料和按需切割,并且按季节和原料的性味配搭原料。在加热调味上,烹饪方法有所增加,调味理论逐渐产生。《吕氏春秋·本味篇》对于烹饪用水与火候提出了一定原则。这时,人们已经能够灵活地运用文火、武火,并且创新出油熟法和物熟法两类烹饪方法,如熬、煎、炸、菹、渍、网油、包烤等。

(三)中餐烹饪蓬勃发展时期的特点

中餐烹饪的蓬勃发展时期基本始于公元前 221 年的秦朝,历经汉、魏、晋、南北朝和唐朝,止于公元 1279 年的宋朝。

❶ **能源有了新突破,以煤炭为主要燃料,铁制炊具广泛使用**　秦汉到唐宋时期,烹饪的能源

主要是依靠直接燃烧树枝、木柴杂草、木炭而获得。唐代出现了专门用木柴烧炭的行业。由于煤具有燃烧火力足、火势旺的优点,比较容易运输,于是北方的家庭便盛行用煤作为燃料来烹饪食物。煤的使用,促进了用火水平的提高,进而促进了铁制炊具的变革。铁釜、铁镬、铁锅等铁制炊具都具有耐高温、传热快的特点,在烹饪中得到广泛应用。

❷ 食物原料来源更加丰富　食物原料不仅来源于农业、畜牧业和采集渔猎,更重要的来源还有两个:一是新技术条件下新原料开发;二是新原料引进。已经出现割韭后将韭的根茎培土软化的黄化蔬菜——韭黄。另外,河南密县出土的汉朝画像砖中已出现了"豆腐作坊"的画像。可见,在汉代已创制出大豆的重要加工制品——豆腐。张骞出使西域以后,中外交流有了很大发展,从国外引进了许多食物原料,有苜蓿、葡萄、石榴、大蒜、黄瓜、胡荽、胡桃、胡葱、胡豆,还有西瓜、南瓜、芸薹、海枣、海芋、莴苣、菠菜、丝瓜、茄子等。

❸ 烹饪技艺不断创新　由于铁制炊具在烹饪上的广泛使用,一些高温快速成菜的油熟烹饪法如爆炒、氽、煎、贴、烙等应运而生。在调味方面,不少人善用五味,创制出许多复合味型。

(四)中餐烹饪的成熟定型时期

中餐烹饪的成熟定型时期基本上贯穿了元明清三个朝代,烹饪技术在各个方面都取得了极大成就,主要表现为以下特点。

❶ 餐饮器具精美绝伦　元明清三个朝代是中国瓷器的繁荣与鼎盛时期,瓷制餐具也随之有了很大发展,品种众多、造型新颖独特、装饰丰富多彩。以品种而言,有盘、碗、杯、碟、盅、壶、盏、尊等。这一时期,金属餐饮器具在数量和质量上有很大提高,如清代皇帝御用的酒具云龙纹葫芦式金执壶,壶身为葫芦形,由大小不同的两个球体构成,中间为高而细的束腰,全壶采用浮雕装饰手法,花纹凸出且密布壶面,纹饰以祥云、游龙为主,显得高贵豪华且富丽堂皇。

❷ 食物原料十分广博　元明清时期,食物原料不断增多,到清末已经达到2000多种。凡是可食之物都可用来烹饪,形成了用料广博的局面。野生动植物的数量和品种逐渐增多,以植物为例,就有藜、马齿苋、巢菜、荠菜、蒿、珍珠菜、石耳、地耳、白鼓丁、猫耳朵等野菜烹饪原料。而对于某些有毒的动植物,则进行加工处理以去其毒,在无毒的情况下也可作为烹饪原料。如河鲀(俗称河豚),其内脏和血液有毒而肉无毒,于是就将河豚去尽内脏和血液后入烹。此外,中国还从国外引进了辣椒、番薯、番茄、洋葱、马铃薯等。

❸ 烹饪工艺出现较为完善的体系　元明清时期,菜点的制作技术及其工艺不断发展创新,形成了较为完善的体系。在烹饪方法上,一是直接用火熟食,如烤、炙、烘、熏、火煨等;二是利用介质传热的方法,其中又分为水熟法(包括蒸、煮、炖、氽、卤、煲等)、油熟法(包括炒、爆、炸、煎、贴、淋、泼等)和焗熟法(包括盐焗、泥裹等);三是根据化学反应制熟食物的方法,如泡、渍、醉、糟、腌、酱等。

【任务评价】

见表 1-1-1。

在线答题
1-1-1

表 1-1-1　"了解中餐烹饪历史"任务评价

评价内容	评价标准	分值/分	得分/分
任务完成情况	能简要叙述中餐烹饪发展历史	2	
	准确叙述中餐烹饪各个发展阶段的主要特点	3	
合计			

【实践活动】

到博物馆多参观古代烹饪器皿,进一步理解中餐烹饪的发展历程。

【知识链接】

中国古代食用器鉴赏

图 1-1-20　鬹

鬹(guī)(图 1-1-20),三足釜也。有柄喙。——《说文解字》。段玉裁注:"有柄可持,有喙可写物。"

一种炊、饮两用的陶制器具,形制与鬲相似。所不同的是口部有槽型的"流",也称作"喙",有三足。《说文解字·鬲部》:"鬹,三足釜也,有柄喙。"主要用于炖煮羹汤镶温酒,做好后作为餐具直接端上筵席。这种器具主要流行于新石器时代。

图 1-2-21　觚

觚(gū)(图 1-2-21),大侈口,细腰,高圈足,饮酒之器。在商代以前即有陶觚,如二里头早期遗存中,有盉、爵、觚的组合。考古所见商代最简单或最基本的酒器组合,也是爵与觚。陶觚的形状为小侈口,腰粗而短、平底,商代早期的铜觚也大体如此。商代晚期的觚变为大侈口,腰细短。觚也有方形的。西周中期以后,觚和相关的某些酒器一起衰落了。

任务二

了解中餐烹饪历程及特点

扫码看课件

【任务描述】

张师傅要求李宇利用网络、书籍收集中餐烹饪的主要技法特点,查阅中国烹饪典籍,结合任务一的相关资料,体会中国烹饪的发展与跨越。

【学习目标】

(1)了解中国不同时期的烹饪发展。

(2)了解中餐烹调的技法特点。

(3)体悟中国餐饮文化的博大精深。

【任务学习过程】

几千年来,随着社会的发展,物资渐趋丰富,人们对饮食的要求逐渐多样化,这些自然促进了烹调的进步。另外,中国地大物博,人口众多,各地出产物品都不同,而用于食用的物品也不同,为了便于食用,不同地方便出现了适合当地原料特色及生活习俗的不同烹调技法。随着人口的流动,物资的交换,各地不同的烹调技法也在不断地交流融合、去粗取精。发展到今天,中国烹饪食材丰富,刀工精湛,注重调味,讲究火候,风味流派众多,烹调技法多样,这才出现了令世界瞩目的中华餐饮文明。

一、中国不同时期的饮食、烹饪文化

(一)汉唐时期的饮食文化

随着中国统一局面的形成,强大的汉王室在饮食方面比秦朝更进了一步。汉朝皇帝拥有当时全国最为完备的食物管理系统。负责皇帝日常事务的少府所属职官中,与饮食活动有关的有太官、汤官和导官,他们分别"主膳食""主饼饵"和"主择米"。此时期中国饮食文化的对外传播加剧了。据《史记》《汉书》等记载,西汉张骞出使西域时,通过丝绸之路同中亚各国开展了经济和文化的交流活动。张骞等人除了从西域引进了胡瓜、胡桃、胡荽、胡麻、胡萝卜、石榴等物产外,也把中原的桃、李、杏、梨、姜、茶叶等物产以及饮食文化传到了西域(图 1-2-1)。

图 1-2-1　张骞出使西域

唐代的长安就是当时世界文化的中心,中国逐渐成为一个民族众多的国家,这为各民族饮食文化的交流与融合提供了便利。西域的特产先后传入内地,大大丰富了内地民族的饮食文化生活,而内地民族精美的肴馔和烹饪技艺也逐渐西传,为当地人民所喜欢。各民族在相互交流的过程中,不断创新中华民族的饮食文化。

（二）宋、辽、金、元时期的饮食文化

宋代的宫廷饮食,以穷奢极欲著称于世。而同一时期,我国较有影响的"四大菜系"的鲁菜（包括京津等北方地区的风味菜）、苏菜（包括江、浙、皖地区的风味菜）、粤菜（包括闽、台、潮、琼地区的风味菜）、川菜（包括湘、鄂、黔、滇地区的风味菜）已经发展得相当成熟了。相对北方而言,辽金的饮食水准是粗劣的。即使给有身份的人吃的肉粥,也是"以肉并米合煮之""皆肉糜"。平日里所吃的半生米饭,竟要"渍以生狗血及蒜"。在通常认为的"以雁粉为贵"的盛馔之席上,也"多以生葱蒜韭之属置于上"。正因如此,在为宋君王上寿时,各国使节诸卿面前都"分列环饼、油饼、枣塔为看盘,次列果子",唯独辽国使节面前加"独羊鸡鹅连骨熟肉为看盘,皆以小绳束之,又生葱韭蒜醋各一碟"。这显然是宋朝出于对辽民族饮食生活习俗的尊重（图 1-2-2）。

煮肉图　　　　　　　　　割肉图

图 1-2-2　煮肉图与割肉图

（三）明清时期的饮食文化

明清饮食文化是又一高峰,是唐宋食俗的继续和发展,同时又混入满蒙的特点,饮食结构有了很大变化。主食:菰米已被彻底淘汰,麻子退出主食行列改榨油用,豆料也不再作主食,成为菜肴,北方黄河流域小麦的种植比例大幅度增加,成为宋以后北方的主食,明代大规模引进马铃薯、甘薯,蔬菜的种植达到较高水准,成为主要菜肴。肉类:人工畜养的畜禽成为肉食主要来源。满汉全席（图 1-2-3）代表了清代饮食文化的最高水平。

图 1-2-3　满汉全席

如今的宫廷菜是指清朝皇宫中御膳房的菜点,也吸收了明朝宫廷菜的许多菜点,尤其康熙、乾隆两个皇帝多次下江南,对南方膳食非常欣赏,因此清宫菜点中吸收了全国各地许多风味菜,包括蒙古族、回族、满族等民族的风味膳食。

　　满汉全席是满汉两族风味肴馔兼用的盛大筵席,是清代皇室贵族、官府才能举办的宴席,一般民间少见。满汉食珍,南北风味兼用,菜肴达三百多种,有中国古代宴席之最的美誉。满汉全席聚天下之精华,用材不分东西南北,飞禽走兽,山珍海味,尽是口中之物,清代的满汉全席,有所谓山、海、禽、草"四八珍"。满汉全席可谓是中国式极权主义引导下的饮食文化在几千年的演练中结成的硕果,可说是达到了人类在口福方面所能享用的高峰。

　　(四)中华民国时期的烹饪文化

　　1911—1949年,中国处在帝国主义、封建主义、官僚资本主义统治下的半封建半殖民地社会,百业凋敝,与此同时,中国共产党人领导劳苦大众进行新民主主义革命,浴血抗争。总的来看,这期间工农业发展缓慢,人民生活困苦,市场也不活跃,突出成就不甚明显;但是,由于世界经济危机的影响,日、美等国纷纷在中国抢占市场,加上战事频繁的刺激,局部地区也出现了一些新因素,并产生深远影响(图1-2-4)。20世纪以来,帝国主义列强大量向中国倾销商品,牟取暴利。其中就有机械加工生产的新食料,如味精、果酱、鱼露、蚝油、咖喱、芥末、可可豆、咖啡、啤酒、奶油、苏打粉、香精、人工合成色素等。这些食料引进后,逐步在食品工业和餐饮业中得到应用,使一些食品风味有所变化,质量有所提高,这在沿海大中城市更为明显。新食料的引进,对传统烹调工艺产生了影响,有些制菜规程也有了改变(图1-2-5)。

图1-2-4　民国宴席

图1-2-5　民国街边小吃

　　(五)现代时期的烹饪文化

　　1949年10月1日中华人民共和国成立后,人民当家做主,生产力得到了解放,也极大地调动了广大厨师的积极性和创造性。这个时期,工农业产值成倍增长,饮食市场空前活跃,国际交往频繁,中国烹饪发展又进入新高潮(图1-2-6)。

　　21世纪中外烹饪文化相互融合,形成了新的中国烹饪文明。以"和"为指导思想,以"精"为烹饪原则,

图1-2-6　国宴

以"味"为追求目标,中国正在普及烹饪科普知识,中国烹饪专业学校教育正在走向正规化、标准化、现代化。

二、体会中餐烹饪的特点

（一）用料广博，选料严格，物尽其用

我国幅员辽阔，物产丰富，多样的地理环境和气候为各种动植物原料的生长和繁殖创造了良好的自然环境，我国的烹饪食材常用原料的数量达到了 3000 多种。此外我国还不断通过对外交流引进新的食物原料，从汉唐到明清，从近代到当代，引进了数量众多的优质原料，如胡豆、胡瓜、胡葱、黄瓜、茄子、番茄、辣椒、番薯、洋葱等。中国厨师在制作很多名菜时选料非常严格，如制作东坡肉时，必须选用软五花肉，不选其他部位，即使是肋条肉和硬五花肉也达不到最好的效果。北京烤鸭一定要选择北京的填鸭，配上山东的甜葱和六必居的甜面酱。面对丰富和优质的食物原料，中国厨师在具体使用过程中绝不浪费，而是物尽其用。有时将一种原料按不同部位或不同用途分档取料，制成不同的菜点，做到一物多用。如一只鸡，可做成全鸡席。

（二）刀工精湛

中餐的原料大多加工成小块宜食的尺寸，不像西餐在食用时进行二次切割。中国菜对刀工（图 1-2-7）非常讲究，刀工处理的工具主要是菜刀和砧板，可将原料切成片、丝、条、块、丁、粒、米茸等形状，并要求其大小、厚薄、粗细均匀。有些原料经厨师的刀工处理后可拼成栩栩如生的美丽图案（图 1-2-8）。

刀工是厨师根据菜肴制作的要求，运用各种刀法，将原料加工成为一定规格形状的操作技艺。菜肴的原料复杂多样，每款菜肴使用一定的烹调方法，对原料的形状和规格都有严格的要求，因此需经过刀工处理。原料经过各种刀法加工，可形成块、片、丝、条、丁、段、球、泥、粒、末以及麦穗形、菊花形、梳子形、蓑衣形、荔枝形等多种形状。

图 1-2-7 刀工

图 1-2-8 利用精湛刀工处理后拼出的图案

（三）注重调味

中餐的调味品非常多，调味品的不同是形成地方风味菜肴的主要原因之一。常用的调味品有酱油、豆豉、辣椒、胡椒、花椒、味精、茴香、生粉、醋、白糖、红糖、酒、生姜、蒜头、麻油等几十种（图 1-2-9）。

（四）讲究火候

火候是指在烹饪过程中，根据菜肴原料老嫩硬软、厚薄大小和菜肴的制作要求，采用不同的火力大小与时间长短（图 1-2-10）。

图 1-2-9　各种调味品　　　　　　　　　图 1-2-10　猛火

（五）烹调技法多样

烹调技法是指一些烹饪的常用技巧。做菜所要的时间和调味品是非常讲究的，只有做到位了，所做菜的营养、色味才会俱全，让人吃了回味无穷，既养身体又养眼。

❶ **炒**　最基本的烹调技法，其原料一般是片、丝、丁、条、块形，炒时要用旺火，要热锅热油，所用底油多少随料而定。依照材料、火候、油温高低，炒可分为生炒、滑炒、熟炒及干炒等方法（1-2-11）。

❷ **爆**　爆是急、速、烈的意思，加热时间极短，烹制出的菜肴脆嫩鲜爽。爆法主要用于烹制脆性、韧性原料，如鸡肫、鸭肫、鸡鸭肉、猪瘦肉、牛羊肉等。常用的爆法有油爆、芫爆、葱爆、酱爆（1-2-12）。

图 1-2-11　清炒虾仁　　　　　　　　　图 1-2-12　火爆腰花

❸ **熘**　用旺火急速烹调的一种方法。熘法一般是先将原料经过油炸或开水氽熟后，另起油锅调制卤汁（卤汁也有不经过油制而以汤汁调制而成的），然后将处理好的原料放入调好的卤汁中搅拌或将卤汁浇淋于处理好的原料表面（1-2-13）。

❹ **炸**　一种旺火、多油、无汁的烹调方法。炸有很多种，如清炸、干炸、软炸、酥炸、面包渣炸、纸包炸、脆炸、油浸、油淋等（图 1-2-14）。

❺ **烹**　分为两种：以鸡、鸭、鱼、虾、猪肉为原料的烹，一般是把挂糊的或不挂糊的片、丝、块、段用旺火油先炸一遍，锅中留少许底油置于旺火上，将炸好的主料放入，然后加入单一的调味品（不用淀粉），或加入多种调味品兑成的芡汁（用淀粉），快速翻炒即成。以蔬菜为主料的烹，可把

图 1-2-13 熘鱼片

图 1-2-14 干炸丸子

主料直接用来烹炒,也可把主料用开水烫后再烹炒(图 1-2-15)。

⑥ 煎 先把锅烧热,用少量的油刷一下锅底,然后把加工成形(一般为扁形)的原料放入锅中,用少量的油煎制成熟的一种烹调方法。一般是先煎一面,再煎另一面,煎时要不停地晃动锅,使原料受热均匀、色泽一致(图 1-2-16)。

图 1-2-15 醋烹土豆丝

图 1-2-16 海蛎煎蛋

⑦ 贴 把几种粘合在一起的原料挂糊之后,下锅只煎一面,使其一面黄脆,而另一面鲜嫩的烹调方法。它与煎的区别在于,贴只煎主料的一面,而煎是煎两面(图 1-2-17)。

⑧ 烧 先将主料进行一次或两次以上的热处理之后,加入汤(或水)和调料,先用大火烧开,再改用小火慢烧至或酥烂(肉类、海味),或软嫩(鱼类、豆腐),或鲜嫩(蔬菜)的一种烹调方法。由于烧菜的口味、色泽和汤汁多寡的不同,它又分为红烧、白烧、干烧、酱烧、葱烧、辣烧等许多种(图 1-2-18)。

图 1-2-17 锅贴豆腐

图 1-2-18 干烧鱼

⑨ 焖 将锅置于微火上加锅盖把菜焖熟的一种烹调方法。操作过程与烧相似,但小火加热

Note

的时间更长，火力也更小，一般在半小时以上（图1-2-19）。

⑩ **炖**　和烧相似，所不同的是，炖制菜的汤汁比烧菜的多。炖先用葱、姜炝锅，再冲入汤或水，烧开后下主料，先大火烧开，再小火慢炖。炖菜的主料要求软烂，一般是咸鲜味（图1-2-20）。

图1-2-19　黄焖栗子鸡

图1-2-20　清炖仔鸡

⑪ **蒸**　以水蒸气为导热体，将经过调味的原料，用旺火或中火加热，使成菜熟嫩或酥烂的一种烹调方法。常见的蒸法有干蒸、清蒸、粉蒸等（图1-2-21）。

⑫ **汆**　对有些烹饪原料进行出水处理的方法，也是一种制作菜肴的烹调方法。汆菜的主料多是细小的片、丝、花刀形或丸子，而且成品汤多。汆属旺火速成的烹调方法（图1-2-22）。

图1-2-21　清蒸大闸蟹

图1-2-22　清汆鱼丸

⑬ **煮**　和汆相似，但煮比汆的时间长。煮是把主料放入汤汁或清水中，先用大火烧开，再用中火或小火慢慢煮熟的一种烹调方法（图1-2-23）。

⑭ **烩**　将汤和菜混合起来的一种烹调方法。用葱、姜炝锅或直接以汤烩制，调好味再用水淀粉勾芡。烩菜的汤与主料相等或略多于主料（图1-2-24）。

图1-2-23　水煮牛肉

图1-2-24　烩乌鱼蛋汤

Note

⑮ **炝** 把切配好的生料,经过水烫或油滑,加上盐、味精、花椒油拌和的一种冷菜烹调方法(图 1-2-25)。

⑯ **腌** 冷菜的一种烹调方法,是把原料在调味卤汁中浸渍,或用调味品加以涂抹,使原料中部分水分排出,调料渗入其中。腌的方法很多,常用的有盐腌、糟腌、醉腌(图 1-2-26)。

图 1-2-25 海米炝芹菜

图 1-2-26 腌萝卜

⑰ **拌** 一种烹调方法,操作时把生料或熟料切成丝、条、片、块等,再加上调料拌和即成(图 1-2-27)。

⑱ **烤** 把食物原料放在烤炉中利用辐射热使之成熟的一种烹调方法。烤制的菜肴,由于原料是在干燥的热空气烘烤下成熟的,表面水分蒸发,凝成一层脆皮,原料内部水分不能继续蒸发,因此成菜形状整齐,色泽光滑,外脆里嫩,别有风味(图 1-2-28)。

图 1-2-27 拌三丝

图 1-2-28 酒烤猪肝

⑲ **卤** 把原料洗净后,放入调制好的卤汁中烧煮成熟,让卤汁渗入其中,晾凉后食用的一种冷菜烹调方法(图 1-2-29)。

⑳ **冻** 一种利用动物原料的胶原蛋白经过蒸煮之后充分溶解,冷却后能结成冻的一种冷菜烹调方法(图 1-2-30)。

㉑ **拔丝** 将糖(冰糖或白糖)加油或水熬到一定的火候,然后放入炸过的食物翻炒,吃时能拔出糖丝的一种烹调方法(图 1-2-31)。

㉒ **蜜炙** 一种把糖和蜂蜜加适量的水熬制而成的浓汁,浇在蒸熟或煮熟的主料上的一种烹调方法(图 1-2-32)。

㉓ **熏** 将已经处理成熟的主料,用烟加以熏制的一种烹调方法(图 1-2-33)。

㉔ **卷** 以菜叶、蛋皮、面皮、花瓣等作为卷皮,卷入各种馅料,裹成圆筒或椭圆形后,再蒸或

Note

炸的一种烹调方法(图 1-2-34)。

图 1-2-29　卤鸭翅

图 1-2-30　牛筋冻

图 1-2-31　拔丝山药

图 1-2-32　蜜炙八宝饭

图 1-2-33　米熏鸡

图 1-2-34　蛋皮肉卷

㉕　**滑熘**　把上薄浆的鸡、鸭、鱼、猪等肉片用烧开的水或热锅冷油滑开,使原本塞牙的肉质变嫩且口感变好的一种烹调方法(图 1-2-35)。

图 1-2-35　滑熘肉片

【任务评价】

见表 1-2-1。

表 1-2-1 "了解中餐烹饪历程及特点"任务评价

评价内容	评价标准	分值/分	得分/分
任务完成情况	能正确简述中国不同时期的烹饪发展	2	
	能简要描述中餐烹调技法的种类及特点	3	
合计			

在线答题
1-2-1

【实践活动】

结合专业学习,将中餐烹调技法种类及特点以思维导图的形式呈现。

【知识链接】

孔子的"礼食"思想

我国西周时期非常注重礼治,至春秋时,周礼已分崩离析。诸侯国之间你争我斗,到处充斥着暴力行为,只有在当时的鲁国较为完好地保留了周礼制度。孔子正是在鲁国这样的环境中长大的,最终成为周礼的继承者和维护者。孔子倡导的"礼食"思想符合广大平民百姓追求稳定生活的愿望,同时也符合统治者稳定统治的原则,因此得以推崇。

孔子论饮食,多与祭祀有关。《论语·乡党》云:"祭于公,不宿肉,祭肉不出三日。出三日,不食之矣。"为国君助祭后分得的肉食,要当天吃完,不能留到次日。家中祭祀用过的肉超过三天就不吃了。"乡人饮酒,杖者出,斯出矣。"孔子和本乡人一道喝酒,喝完之后,一定要等老年人先出去,然后自己才出去。"有盛馔,必变色而作。"做客时有丰盛的筵席,就神色变并站起来以示感谢。《论语·述而》云:"子食于有丧者之侧,未尝饱也。"孔子在有丧事的人旁边吃饭,从来没有吃饱过。因为服丧者不会饱食,办丧事者应有悲哀恻隐之心。"食而有礼""不乱其序""克己复礼"是孔子为自己确立的终生奋斗目标。

孔子的饮食言论,表面上只是零散的只言片语,不成体系,但透过这些论述所体现出来的饮食思想,不仅在孔子生活的年代影响很大,而且对后世孔子"礼食"思想奠定了理论基础。

任务三

学习中餐用餐礼仪

扫码看课件

【任务描述】

张师傅要求李宇利用网络搜集中餐用餐礼仪相关知识,并结合自己的生活经验,结合现代餐饮业对用餐方式的一些建议,全面学习了解中餐用餐礼仪。

【学习目标】

（1）了解中餐席位文化及餐具使用。

（2）懂得中餐点菜礼仪,了解不同的用餐方式。

（3）深化学生对中餐用餐礼仪文化的认知。

【任务学习过程】

随着中西饮食文化的不断交流,中餐不仅是中国人的传统饮食习惯,还越来越受到外国人的青睐。而这种看似最平常不过的中餐餐饮,用餐时的礼仪却是有一番讲究的。

一、中餐席位文化

中华饮食,源远流长。在这自古为礼仪之邦,讲究民以食为天的国度里,饮食礼仪自然成为饮食文化的一个重要部分,且因宴席的性质、目的而不同;不同的地区,也是千差万别。

古代的饮食礼仪按阶层划分为宫廷、官府、行帮、民间。现代饮食礼仪则简化为主人（东道主）、客人。作为客人,赴宴讲究仪容,根据关系亲疏决定是否携带小礼品或好酒。赴宴守时守约;抵达后,先根据认识与否,自报家门,或由东道主进行引荐介绍,听从东道主安排(图 1-3-1)。

席位礼仪是整个中国饮食礼仪中最重要的一项。从古到今,由于桌具的演进,座位的排法也相应变化。总的来讲,座次"尚左尊东""面朝

图 1-3-1　中餐摆台

大门为尊"。中餐的席位排列,关系到来宾的身份和主人给予对方的礼遇,所以是一项重要的内容。中餐席位的排列,在不同情况下,可分为桌次排列和位次排列。

（一）桌次排列

在中餐宴请活动中,往往采用圆桌布置菜肴、酒水。排列圆桌的尊卑次序,有两种类型。由

Note

两桌组成的小型宴请,当两桌横排时,桌次是以左为尊,以右为卑。这里所说的右和左,是由面对正门的位置来确定的。当两桌竖排时,桌次讲究以远为上,以近为下。这里所讲的远近,是以距离正门的远近而言的。由三桌或三桌以上的桌数所组成的宴请,在安排多桌宴请的桌次时,除了要注意"面门定位""以左为尊""以远为上"等规则外,还应兼顾其他各桌距离主桌的远近。通常,距离主桌越近,桌次越高;距离主桌越远,桌次越低。

（二）位次排列

宴请时,每张餐桌上的具体位次也有主次尊卑的分别。排列位次的基本方法有四点。中餐礼仪主人大都应面对正门而坐,并在主桌就座。举行多桌宴请时,每桌都要有一位主桌主人的代表在座。各桌位次的尊卑,应根据距离该桌主人的远近而定,以近为上,以远为下。各桌距离该桌主人相同的位次,讲究以右为尊,即以该桌主人面向为准,右为尊,左为卑。另外,每张餐桌上所安排的用餐人数应限在 10 人以内,最好是双数。比如,六人、八人、十人。人数如果过多,不仅不容易照顾,而且也可能坐不下(图 1-3-2)。

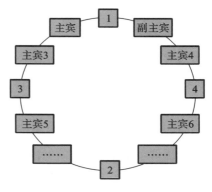

图 1-3-2 位次排序

二、中餐餐具使用

（一）筷子文化

中国的筷子是十分讲究的,筷子又称箸,远在商代就有用象牙制成的筷子。《史记·宋微子世家》中记载"纣始为象箸"。用象牙做箸,是富贵的标志。做筷子的材料多样,考究的有金筷、银筷、象牙筷、瓷筷等(图 1-3-3 至图 1-3-5)。一般的有骨筷和竹筷,塑料筷湖南的最长,有的长达两尺左右;日本的筷子短而尖,这是为了便于吃鱼片等片状食物。

图 1-3-3 金筷

图 1-3-4 象牙筷

中国使用的筷子,在人类文明史上是一桩值得骄傲和推崇的科学发明。中国人早在春秋战国时期就发明了筷子,比较起来,西方人大概到 16、17 世纪才发明刀叉。利用科学手段测定,人在用筷子夹食物时,有 80 多个关节和 50 条肌肉在运动,并且与脑神经有关。因此,用筷子吃饭使人手巧,可以训练大脑,使之灵活,外国人对这两根神奇的棍状物能施展出夹、挑、舀、撅等功能羡慕不已,并以自己能使用它进食而感到高兴。

筷子是中餐中最主要的进餐用具。握筷姿势应规范,进餐需要使用其他餐具时,应先将筷子放下。筷子一定要放在筷子架上，不能放在杯子或盘子上，否则容易碰落。如果不小心把筷子碰落在地上，可请服务员换一双。在用餐过程中，已经举起筷子，但不知道该吃哪道菜时不可将筷子在各碟菜中来回移动或在空中摆动。不要用筷子叉取食物放进嘴里，或用舌头舔食筷子上的附着物，更不要用筷子去推动碗、盘和杯子。有事暂时离席时不能把筷子插在碗里，应把它轻放在筷子架上。

图 1-3-5　瓷筷

（二）其他餐具的使用

中餐的餐具除筷子之外，主要还有茶杯、盘子、碗、碟子、勺子等。下面介绍几种主要餐具的用法。

❶ 勺子　主要作用是舀取菜肴、汤羹。用勺子取食物时，不要过满，免得溢出来弄脏餐桌或自己的衣服。在舀取汤羹后，可以在原处"暂停"片刻，待汤汁不会再往下流时，再移回来享用。暂时不用勺子时，应放在自己的碟子上，不要把它直接放在餐桌上，或让它在食物中"立正"。用勺子取食物后，要立即食用或放在自己碟子里，不要再把它倒回原处。而如果取用的食物太烫，不可用勺子舀来舀去，也不要用嘴对着吹，可以先放到自己的碗里等凉了再吃。不要把勺子塞到嘴里，或者反复吮吸、舔食。瓷勺见图 1-3-6。

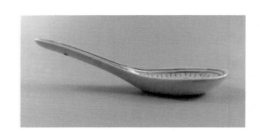

图 1-3-6　瓷勺

❷ 盘子　主要用来盛放食物，稍小点的盘子一般叫碟子。盘子在餐桌上一般要保持原位，而且不要堆放在一起。食碟的主要作用是用来暂放从公用的菜盘里取来享用的菜肴的。用食碟时，一次不要取放过多的菜肴，这样看起来既杂乱不堪，又容易相互"窜味"。不吃的残渣、骨、刺不要吐在地上、桌上，而应轻轻取放在食碟前端，放的时候不能直接从嘴里吐在食碟上，要用筷子夹放到碟子旁边。瓷盘见图 1-3-7。

图 1-3-7　瓷盘

❸ 碗　一般用途是盛装食物。中国人大多喜爱用碗作为饮食工具，而西方人更倾向于使用盘子。碗，可以取谐音"挽"字，意为挽留之意，可作为一种伴手礼，象征寓意较好。瓷碗见图 1-3-8。

❹ 茶杯　茶杯是盛茶水的用具，水从茶壶而来，倒进茶杯之后给客人品尝茶水。喝的时候左手端碗托，右手拿起茶盖把茶叶往一边拨一拨。另外，在别人给自己斟茶的时候，右手食指、中指前部弯曲，在桌面上扣两下，以示谢意。这据说还有一个典故呢！传说乾隆微服下江南时，在

图 1-3-8 瓷碗

图 1-3-9 茶杯

茶馆中给和珅倒茶。按宫中规矩,这是要给皇帝磕头的,但是皇帝不想让人认出来。正左右为难,磕还是不磕呢?和珅急中生智,用两个指头代替双腿下了跪。君臣二人皆会意。当然这只是个传说,不过确实有这个礼仪。茶杯见图 1-3-9。

三、中餐点菜礼仪

根据人们的饮食习惯,与其说是"请吃饭",还不如说成"请吃菜",所以对菜单的安排马虎不得。它主要涉及点菜和准备菜单两方面的问题。在宴请前,主人需要事先对菜单进行再三斟酌。在准备菜单的时候,主人要着重考虑哪些菜可以选用、哪些菜不能选用。点菜时,不仅要吃饱、吃好,而且必须量力而行。

(一)点菜应遵循的三个原则

一看人员组成。一般来说,人均一菜是比较通用的规则。如果是男士较多的餐会可适当加量。二看菜肴组合。一般来说,一桌菜最好是有荤有素,有冷有热,尽量做到全面。如果桌上男士多,可多点些荤食,如果女士较多,则可多点几道清淡的蔬菜。三看宴请的重要程度。若是普通宴请,菜肴可选用经济实惠的类型;若宴请对象是比较关键的人物,那么则要点上几个餐厅的招牌菜或特色菜。

(二)点菜应注意的四条禁忌

一是宗教的饮食禁忌,一点也不能疏忽大意。例如,穆斯林教徒通常不吃猪肉,并且不喝酒。国内的佛教徒戒荤腥食品,"荤腥"不仅指的是肉食,而且包括葱、蒜、韭菜、芥末等气味刺鼻的食物。二是出于健康的原因,对于某些食品,也有所禁忌。比如,心脏病、脑血管动脉硬化、高血压和中风后遗症的人,不适合吃狗肉,肝炎患者忌吃羊肉和甲鱼,胃肠炎、胃溃疡等消化系统疾病的人也不适合吃甲鱼,高血压、高胆固醇者,要少喝鸡汤等。三是不同地区人们的饮食偏好往往不同。对于这一点,在安排菜单时要兼顾。比如,四川、湖南的人普遍喜欢吃辛辣食物,少吃甜食。四是特殊职业,出于某种原因,在餐饮方面往往也有各自不同的特殊禁忌。例如,国家公务员在执行公务时不准吃请,在公务宴请时不准大吃大喝,不准超过国家规定的标准用餐,不准喝烈性酒。再如,驾驶员工作期间不得喝酒。要是忽略了这一点,还有可能使对方犯错误。

四、中餐用餐方式

中餐常见的用餐方式主要有宴会、家宴、工作餐、自助餐等,它们都有各自具体形式下的礼仪规范。

（一）宴会

宴会一般可分为正式宴会和非正式宴会两种类型。正式宴会,是一种隆重而正规的宴请。对于到场人数、穿着打扮、席位排列、菜肴数目、音乐演奏、宾主致辞等,往往都有十分严谨的要求和讲究。非正式宴会,也称为便宴,它的形式从简,偏重于人际交往。一般来说,它只安排相关人员参加,对穿着打扮、席位排列、菜肴数目往往不做过高要求（图1-3-10）。

（二）家宴

相对于正式宴会而言,家宴最重要的是要制造亲切、友好、自然的气氛,使赴宴的宾主双方轻松、自然、随意,彼此增进交流,加深了解,促进信任。通常,家宴在礼仪上往往不做特殊要求。为了使来宾感受到主人的重视和友好,基本上要由女主人亲自下厨烹饪,男主人充当服务员;或男主人下厨,女主人充当服务员来共同招待客人,使客人产生宾至如归的感觉（图1-3-11）。

图1-3-10　宴会　　　　　　　　　　　图1-3-11　家宴

（三）工作餐

工作餐是在商务交往中具有业务关系的合作伙伴,为进行接触、保持联系、交换信息或洽谈生意而用餐的形式。它不同于正式的工作餐、正式宴会和亲友们的会餐。它重在一种氛围,意在以餐会友,创造出有利于进一步进行接触的轻松、愉快、和睦、融洽的氛围。工作餐是借用餐的形式继续进行的商务活动,把餐桌充当会议桌或谈判桌。工作餐一般规模较小,通常在中午举行,主人不用发正式请柬,客人不用提前向主人正式进行答复,时间、地点可以临时选择。出于卫生方面的考虑,最好采取分餐制或公筷制的方式（图1-3-12）。

图1-3-12　工作餐

为推广餐桌文明,倡导健康用餐方式,营造文明就餐的良好社会风气,促进餐饮业分餐制的实行,由中国国际贸易促进委员会商业行业委员会和世界中餐业联合会共同组织起草的《中餐分餐制、公筷制、双筷制服务规范》团体标准 2020 年 3 月 18 日正式发布并实施。

（四）自助餐

图 1-3-13　工作餐

自助餐是借鉴西方的现代用餐方式。它不排席位，也不安排统一的菜单，而是把能提供的全部主食、菜肴、酒水陈列在一起，根据用餐者的个人爱好，自己选择、加工、享用。采取这种方式，可以节省费用，而且礼仪讲究不多，宾主都方便，用餐时每个人都可以悉听尊便。在举行大型活动，招待为数众多的来宾时，这样安排用餐，也是最明智的选择（图 1-3-13）。

【任务评价】

见表 1-3-1。

表 1-3-1　"学习中餐用餐礼仪"任务评价

评价内容	评价标准	分值/分	得分/分
任务完成情况	能简述中餐席位文化	2	
	准确叙述中餐餐具的使用常识	1	
	能说出点菜的原则和禁忌	2	
合计			

【实践活动】

设计一个家宴菜单，并安排好位次。

【知识链接】

在线答题
1-3-1

国　　宴

国宴是国家元首或政府为招待国宾、其他贵宾或在重要节日为招待各界人士而举行的正式宴会。国宴菜是国家主席或国务院总理等国家领导人为招待外宾，以及以政府名义的外国援华人员，包括为国家做出突出贡献人士的菜肴。每年国庆时，国务院总理举行的招待会，都称国宴。

国宴菜博采国内各菜系之众长，按"以味为核心，以养为目的"的要求，形成独具特色的系列菜系，突出体现了现代饮食"三低一高"（低盐、低糖、低脂肪、高蛋白质）的要求。口味中西结合，科学合理配膳，注重保健养生之功效。

开国第一宴

1949 年 10 月 1 日，毛泽东主席在天安门城楼上，向全世界庄严宣告中华人民共和国成立。

开国大典之夜,新中国的开国元勋们以及社会各界代表共 600 余人出席了新中国的第一次国宴,自此,"开国第一宴"名扬天下,其菜单如下。

冷菜:桂花鸭子、油鸡、桃仁冬菇、虾仔冬笋、油吃黄瓜龙、五香熏鱼、镇江肴菜。

热菜:草菇蒸鸡、鲜蘑菜心、红烧鲤鱼、清炖狮子头。

主酒:汾酒。

点心:炸春卷、豆沙包、菜肉烧卖、千层油糕。

当年制作开国大宴,从厨师人选到菜单确定,都是周恩来总理亲自审定的。考虑到出席宴会的嘉宾来自五湖四海,周恩来总理确定当晚菜式以咸甜适中、南北皆宜的淮扬菜为主。主厨的厨师共有九位,前后准备了三个月之久。当年的国宴从十月一日晚七时开始,持续了两个小时,共开了六十桌。

任务四

感受菜系魅力

扫码看课件

【任务描述】

李宇通过前面的学习,已经初步了解了中餐发展的历程。在掌握了中餐烹饪特点的基础上,张师傅要求李宇通过查阅相关资料,进一步感受中国地方菜系的魅力,了解其风味特色、烹调技法及代表菜。

【学习目标】

(1)了解川菜、鲁菜、淮扬菜、粤菜的风味特点。

(2)认识四大菜系及其代表菜。

(3)体会中餐四大菜系的技法特色。

【任务学习过程】

我国幅员辽阔,各地自然条件、人民生活习惯、经济习惯、经济文化发展状况不同,在饮食烹调技法和菜肴品种方面,逐步形成了不同的地方风味。

一、川菜特色及代表菜介绍

(一)川菜特色

川菜又名蜀菜,即四川地区的菜肴,是中国汉族四大菜系之一,也是最有特色的菜系,民间最大菜系,同时被冠以"百姓菜"。四川省位于长江上游,四山环抱,江河纵横,沃野千里,物产丰富,号称"天府之国"。盆地、平原和山丘地带气候温和,四季常青。川菜起源于四川,以麻、辣、鲜、香为特色。川菜原料多选山珍、江鲜、野蔬和畜禽。善用小炒、干煸、干烧和泡、烩等烹调技法。以"味"闻名,味型较多,富于变化,以鱼香、红油、怪味、麻辣较为突出。川菜的风格朴实而又清新,具有浓厚的乡土气息。著名代表菜品有鱼香肉丝、回锅肉、麻婆豆腐、水煮鱼、夫妻肺片等。

川菜风味包括成都、乐山、内江、自贡等地方菜的特色,主要特点在于味型多样,即复合味的运用。辣椒、胡椒、花椒、豆瓣酱等是主要调味品,不同的配比,配出了麻辣、酸辣、椒麻、麻酱、蒜泥、芥末、红油、糖醋、鱼香、怪味等各种味型,无不厚实醇浓,具有"一菜一格""百菜百味"的特殊风味,各式菜点无不脍炙人口。川菜在烹调方法上,有炒、煎、干烧、炸、熏、泡、炖、焖、烩、贴、爆等三十八种之多。在口味上特别讲究色、香、味、形,兼有南北之长,以味的多、广、厚著称。历来有"七味"(甜、酸、麻、辣、苦、香、咸)及"八滋"(干烧、酸、辣、鱼香、干煸、怪味、椒麻、红油)之说。因此川菜具有取材广泛、调味多样、菜式适应性强三个特征。川菜由筵席菜、大众便餐菜、家常菜、

Note

三蒸九扣菜、风味小吃等五个大类组成了一个完整的风味体系。在国际上享有"食在中国,味在四川"的美誉。其中负有盛名的菜肴有干烧岩鲤、干烧桂鱼、鱼香肉丝、怪味鸡、宫保鸡丁、五香卤排骨、粉蒸牛肉、麻婆豆腐、毛肚火锅、干煸牛肉丝、灯影牛肉、担担面、赖汤圆、龙抄手等。

四川菜系,分为以川西成都、乐山为中心的上河帮,川南自贡为核心的小河帮,以及川东为中心的下河帮。

❶ 上河帮　以成都和乐山为核心的蓉派菜系,其特点是亲民平和,调味丰富,口味相对清淡,传统菜品多。蓉派川菜讲究用料精细准确,严格以传统经典菜谱为准,其味温和,绵香悠长,同时集中了川菜中的宫廷菜、公馆菜之类的高档菜,通常颇具典故。精致细腻,多为流传久远的传统川菜,旧时历来作为四川总督的官家菜,一般酒店中高级宴会菜式中的川菜均以成都川菜为标准菜谱制作。

川菜中的高档精品菜基本集中在上河帮蓉派,其中被誉为川菜之王,名厨黄敬临在清宫御膳房时创制的高级清汤菜,常常用于比喻厨师厨艺最高等级的"开水白菜"便是成都川菜登封造极的菜式。老成都公馆菜也是川菜中清淡高档菜的代表,"一菜一格,百菜百味"的"御府养生菜",代表菜如香橙虫草鸭、醪糟红烧肉、刘公雅鱼等。

著名菜品有开水白菜、麻婆豆腐、回锅肉、宫保鸡丁、盐烧白、川式粉蒸肉、青城山白果炖鸡、夫妻肺片、蚂蚁上树、蒜泥白肉、芙蓉鸡片、锅巴肉片、白油豆腐、烧白(咸烧白、甜烧白)、鱼香系列(鱼香肉丝、鱼香茄子)、鲃泥鳅系列(石锅鲃泥鳅)、盐煎肉、干煸鳝片、鳝段粉丝、酸辣鸭雪、东坡肘子、东坡墨鱼、清蒸江团、跷脚牛肉、西坝豆腐、魔芋系列(雪魔芋、魔芋烧鸭)、简阳羊肉汤、干烧岩鲤、干烧桂鱼、雅安雅鱼全席宴等,涉及的上河帮火锅吃法有串串香、冷锅鱼,干锅有盆盆虾、盆盆鸡等。

❷ 小河帮　以川南自贡为中心的称盐帮菜,以自贡和内江菜为主的称小河帮。盐帮菜又分为盐商菜、盐工菜、会馆菜三大支系,以麻辣味、辛辣味、甜酸味为三大类别。盐帮菜以味厚、味重、味丰为其鲜明特色,最为注重和讲究调味,除具备川菜"百菜百味,烹调技法多样"的传统之外,更具有"味厚香浓、辣鲜刺激"的特点。盐帮菜善用椒姜,料广量重,选材讲究,煎、煸、烧、炒,自成一格,煮、炖、炸、熘,各有章法,尤擅水煮与活渡,形成了区别于其他菜系的鲜明风味和品位。在盐帮菜的嬗变和演进中,积淀了一大批知名菜品,人见人爱,其中一些菜品不胫而走,纳入了川菜大系,摆上了异地餐桌。清末盐商李琼圃编撰《琼圃菜谱》,记载了各色盐帮菜的烹饪要诀,惜已失传。盐帮菜的代表性菜品不下百种,这里仅列举其中部分:水煮牛肉、火鞭子牛肉、富顺豆花、火爆黄喉、牛佛烘肘、粉蒸牛肉(或名牛肉蒸笼)、风萝卜蹄花汤、芙蓉乌鱼片、无汁葱烧鲤鱼(又名合浦还珠)、火爆毛肚、谢家黄凉粉、郑抄手、酸辣冲菜、李家湾退鳅鱼、冷吃兔、冷吃牛肉、富顺豆花、跳水鱼、鲜锅兔、鲜椒兔等。

小河帮同时也是水煮技法的发源地,自古就有水煮牛肉的吃法。水煮技法经由下河帮川菜派得以发扬光大,成就了水煮鱼、水煮肉片等水煮系列精品川菜。

小河帮还有重辣的特点,火锅有鲜锅兔火锅,同时发明了冷吃做法,譬如冷锅鱼,在引入成都后,经由这个饮食重镇发扬光大成了一个非常流行的新吃法。

❸ **下河帮**　以达州、南充为中心，下河帮川菜大方粗犷，以花样翻新迅速、用料大胆、不拘泥于材料著称。

达州南充川菜以传统川东菜为主。其代表作有酸菜鱼、毛血旺、口水鸡、干菜炖烧系列（多以干豇豆为主）、水煮肉片和水煮鱼为代表的水煮系列，辣子田螺、豆瓣虾、香辣贝和辣子肥肠为代表的辣子系列，泉水鸡、烧鸡公、芋儿鸡和啤酒鸭为代表的干烧系列。

下河帮小吃主要以达州、南充等传统川东历史名城为中心，譬如达县灯影牛肉、阆中张飞牛肉。

（二）川菜代表菜介绍

❶ **宫保鸡丁**　汉族特色名菜，属川菜系。选用净仔公鸡肉为主料，糍粑辣椒等辅料烹制而成。红而不辣、辣而不猛、香辣味浓、肉质滑嫩。据传，此菜创始人丁宝桢，贵州织金人，历任山东巡抚、四川总督，常以此家乡菜宴请宾客，流传至今。

宫保鸡丁风味特点：色泽红亮，麻辣咸鲜小酸甜，质地滑嫩香脆（图1-4-1）。

❷ **回锅肉**　汉族特色菜肴，属中国八大菜系川菜中一种烹调猪肉的传统菜式，川西地区还称之为熬锅肉，四川家家户户都能制作。所谓回锅，就是再次烹调的意思。回锅肉作为一道传统川菜，在川菜中的地位是非常重要的，川菜考级经常用回锅肉作为首选菜肴。回锅肉一直被认为是川菜之首，川菜之化身，提到川菜必然想到回锅肉（图1-4-2）。

回锅肉风味特点：色泽红亮，口味咸鲜微辣，豆瓣味浓郁，肥而不腻。

图1-4-1　宫保鸡丁　　　　　　　　　　图1-4-2　回锅肉

❸ **樟茶鸭子**　四川地区川菜宴席的一款汉族传统名菜。此菜是选用成都南路鸭，以白糖、酒、葱、姜、桂皮、茶叶、八角等十几种调味料调制，用樟木屑及茶叶熏烤而成，故名"樟茶鸭子"。其皮酥肉嫩，色泽红润，味道鲜美，具有特殊的樟茶香味。许多中外顾客品尝后，称赞不已，说它可与北京烤鸭相媲美。四川名厨访问香港时，不少顾客食用此菜后大加赞扬，说它是"一款融色、香、味、形四绝于一体的四川名菜"，引起各界人士极大的轰动，其名声逐渐名扬海外，现在许多到四川旅游的华侨及国际友好人士，都要品尝"樟茶鸭子"（图1-4-3）。

樟茶鸭子风味特点：色泽枣红，熏香味浓郁，口感软嫩。

❹ **麻婆豆腐**　四川地区汉族传统名菜之一，中国八大菜系之一的川菜中的名品。主要原料为豆腐，其特色在于麻、辣、烫、香、酥、嫩、鲜、活八字，称为"八字箴言"。材料主要有豆腐、牛肉碎、辣椒和花椒等。麻来自花椒，辣来自辣椒，这道菜突出了川菜"麻辣"的特点。此菜大约在清

Note

代初年,由成都市北郊万福桥一家名为"陈兴盛饭铺"的小饭店老板娘陈刘氏所创。因为陈刘氏脸上有麻点,人称陈麻婆,她发明的烧豆腐就被称为"陈麻婆豆腐"(图1-4-4)。

图 1-4-3　樟茶鸭子

图 1-4-4　麻婆豆腐

麻婆豆腐风味特点:色泽红亮,口味香、酥、鲜、嫩、麻、辣、烫。

❺ **灯影牛肉**　四川达州和重庆地区汉族传统名吃,已有100多年历史。把牛后腿腱子肉切片后,经腌、晾、烘、蒸、炸、炒等工序制作而成。麻辣香甜,深受人们喜爱。因肉片薄而宽、可以透过灯影、有民间皮影戏之效果而得名(图1-4-5)。牛肉片薄如纸,色红亮,味麻辣鲜脆,细嚼之,回味无穷。市场上生产"灯影牛肉"产品的品牌众多,重庆等地亦出现不少品牌,不过最为正宗的还是达州本地品牌"灯影"牌。

灯影牛肉风味特点:色泽红亮,麻辣干香,片薄透明,味鲜适口,回味甘美。

图 1-4-5　灯影牛肉

二、鲁菜特色及代表菜介绍

(一)鲁菜特色

鲁菜即山东菜系,是我国四大菜系之一。鲁菜在我国北方流传甚广,是北方菜的基础,华北、东北等地的菜肴,受山东风味影响很深,一些名菜大都源于鲁菜,可见其影响之广。中国素有"烹饪王国"之称,山东则有"烹饪之乡"的美誉。山东省地处我国东部沿海,黄河下游自西而东横贯全境。东濒汪洋,胶东半岛突出于渤海与黄海之间,海岸曲折,多港湾。西部为黄河下游冲积平原。大运河纵贯南北。中部五岳之首泰山耸立,丘陵起伏。南有微山、南阳等众多的湖泊。山东全省气候温暖,日照充足,膏壤沃野,万顷碧波,种植业和养殖业十分发达,是我国温带水果的主要产区之一,仅苹果就占全国产量的40%。猪、羊、禽、蛋产量可观。蔬菜种类繁多,品质优良。水产品极为丰富,品种繁多,产量占全国第三位。驰名中外的名贵海产品有鱼翅、海参、鲍鱼、干贝、对虾、加吉鱼、比目鱼、鱿鱼、大蟹、紫菜等数十种。内陆湖河淡水水域辽阔,富有营养的水生植物有40余种。淡水鱼类达70余种,名品有黄河鲤鱼、凤尾鱼、鳜鱼、秀丽白虾、中华绒螯蟹、中华鼋鱼等。为鲁菜提供调味品的酿造业也历史悠久、品多质优。如洛口食醋、济南酱油、即墨老酒、临沂豆豉、济宁酱菜等,都是久负盛名的佳品。丰富的物产,为鲁菜的发展提供了取之不尽、用之不竭的物质资源,早在清乾隆《山东通志》中就有"奇巧珍惜,不竭其藏"的记载,为发展我国的烹饪文化做出了重要贡献。

　　山东菜由济南、福山、济宁三路不同风味特点的地方菜系组成。剖析鲁菜之长,在于用料广泛,选料考究,刀工精细,调和得当,形色兼美,工于火候;烹调技法全面,尤以爆、炒、烧、炸、塌、熘、蒸、扒见长。其风味特点则有十六字诀:咸鲜为本,葱香调味;注重用汤,清鲜脆嫩。泉城济南,是山东政治、经济、文化的中心,自金、元以后便设为省治,向来以湖光山色,涌泉之丽著称。地处水陆要冲,南依泰山,北临黄河,资源十分丰富。济南菜取料广泛,极为平常的蒲菜、芸豆、豆腐和畜禽内脏等,经过精心烹制,都可成为脍炙人口的佳肴美味。鲁菜精于制汤,以济南为代表,济南的"清汤""奶汤"极为考究,代表名菜有清汤燕菜、奶汤蒲菜、蝴蝶海参、九转大肠、油爆双脆、芙蓉鸡片。

　　福山菜即胶东菜,最早源于福山,已有八百余年历史,现以烟台和青岛地区为代表。福山菜以烹制各种海鲜品见长,技法多用爆、炸、扒、蒸,口味以鲜为主,偏重清淡。烟台菜保持了福山菜大部分名菜,如油爆海螺、清蒸加吉鱼、扒原壳鲍鱼、绣球干贝等。青岛菜除保持福山菜的特点外,还掺进了西餐的技法,融中西技法于一炉,为胶东海味菜增色不少,名菜如青岛三烤,即烤加吉鱼、烤小鸡、烤猪大排骨。曲阜,是孔子故里,有丰富的文物古迹,向来以独特的历史面貌著称于世。自孔子去世后,至今二千五百多年,传承七十七代。宋代又封其后裔嫡系为"衍圣公",这个称号一直延续到清代。明清以来孔府又世袭当朝一品官,是名副其实的公侯府第。久负盛名的"孔府菜",是鲁菜菜系中的佼佼者,是中国"官府菜"的代表,其用料精致、刀工细腻、重于火候、工艺严格,风味则清淡鲜嫩、软烂香醇、原汁原味。

(二)鲁菜代表菜介绍

❶ **葱烧海参**　山东地区经典汉族传统名菜之一,中华特色美食,属于鲁菜系。以水发海参和大葱为主料,海参清鲜,柔软香滑,葱段香浓,食后无余汁。葱烧海参(图1-4-6)是"古今八珍"之一,葱香味醇,营养丰富,滋肺补肾。

　　烹制葱烧海参时,先将海参解冻后洗净,然后切条焯水,在锅内放少量油,烧热后加入葱段,爆香后将葱段装起备用。原锅中加入海参,再加入适量盐、料酒、蚝油、生抽、冰糖、上汤,然后盖上锅盖焖至汁收,加入之前爆香的葱段,翻炒后埋入稀芡即可。葱烧海

图 1-4-6　葱烧海参

参色暗汁宽,味薄寡淡,让人食之不忘。袁枚《随园食单》记载:"海参无为之物,沙多气腥,最难讨好,然天性浓重,断不可以清汤煨也。"有鉴于此,北京丰泽园饭庄老一代名厨王世珍率先进行了改革。他针对海参天性浓重的特点,采取了"以浓攻浓"的做法,以浓汁、浓味入其里,浓色表其外,达到色、香、味、形四美俱全的效果。

❷ **九转大肠**　九转大肠是山东地区汉族传统名菜之一,属于鲁菜系。此菜是清朝光绪初年,济南九华林酒楼店主首创,开始名为"红烧大肠",后经过多次改进,味道进一步提高。许多著名人士在该店设宴时均备"红烧大肠"一菜。一些文人雅士食后,感到此菜确实与众不同,别有滋味,为取悦店家喜"九"之癖,并称赞厨师制作此菜像道家"九炼金丹"一样精工细作,便将其更名为"九转大肠"(图1-4-7)。

九转大肠,是将猪大肠经水焯后油炸,再灌入十多种佐料,用微火爆制而成。其特点酸、甜、香、辣、咸五味俱全,色泽红润,质地软嫩,是鲁菜系中的名菜之一。

❸ **糖醋黄河鲤鱼**   山东济南的传统名菜。济南北临黄河,故烹饪所采用的鲤鱼就是黄河鲤鱼。此鱼生长在黄河深水处,头尾金黄,全身鳞亮,肉质肥嫩,是宴会上的佳品。《济南府志》上早有"黄河之鲤,南阳之蟹,且入食谱"的记载。据说:"糖醋黄河鲤鱼"(图 1-4-8)最早始于黄河重镇——洛口镇。这里的厨师喜用活鲤鱼制作此菜,并在附近地方有些名气,后来传到济南。厨师在制作时,先将鱼身割上刀纹,外裹芡糊,下油炸后,头尾翘起,再用著名的洛口老醋加糖制成糖醋汁,浇在鱼身上。此菜香味扑鼻,外脆里嫩,且带点酸,不久便成为名菜馆中的一道佳肴。

糖醋黄河鲤鱼特点:色泽深红、外脆里嫩、香味扑鼻、酸甜可口。

图 1-4-7　九转大肠

图 1-4-8　糖醋黄河鲤鱼

❹ **油爆双脆**   山东地区汉族传统名菜,属于鲁菜菜系中很有特色的菜式之一,油爆双脆(图 1-4-9)以鸡胗为主要材料,烹饪以油爆为主。正宗的油爆双脆的做法极难,对火候的要求极为苛刻,欠一秒钟则不熟,过一秒钟则不脆,是中餐里制作难度最大的菜肴。袁枚的《随园食单》和梁实秋的《雅舍谈吃》中对此菜均有高度赞誉。

油爆双脆特点:脆嫩滑润,清鲜爽口。

图 1-4-9　油爆双脆

三、淮扬菜特色及代表菜介绍

(一)淮扬菜特色

淮扬菜,我国四大菜系之一,其影响遍及长江中下游地区,在国内外享有盛誉。江苏省东临黄河,西拥洪泽,南濒太湖,长江横贯于中部,大运河沟通南北,境内湖泊众多,河网稠密,土壤肥沃,气候适宜,物产丰富,素有"鱼米之乡"的誉称,江苏为全国重要淡水鱼区,太湖银鱼、长江鲥鱼和刀鱼以及阳澄湖大闸蟹为名产。"春有刀鲚夏有鲥,秋有肥鸭冬有蔬",一年四季,水产禽蔬轮番上市,应有尽有,这些富饶的物产,为淮扬菜的发展提供了优越的物质条件。淮扬菜,主要由南京、苏锡、徐海三个地方风味组成,而扬州菜、苏州菜又是淮扬菜的两大支柱。

淮扬菜有如下五大特点。

❶ **原料以鲜活为主**   扬州位于长江北岸,古老的京杭大运河在这里与长江交汇,璀璨的历

史和灿烂的文明在这里共辉。市境跨京杭大运河两岸,一年四季,水产禽蔬不断。所以,淮扬菜的原料以鲜活为主,这也为擅长炖焖,调味注重本味的烹调技法提供了物质基础。淮扬菜几乎每道菜对原料都有严格选择要求,同时也让原料的特点在制作菜肴时得到充分的发挥。

❷ **刀工精细**　四大菜系中,淮扬菜刀工最精细,一块 2 厘米厚的方干,能切成 30 片的薄片,切丝如发。冷菜制作、拼摆手法要求极高,一个扇面三拼,抽缝、扇面、叠角,寥寥六字,但刀工拼摆难度极大。精细的刀工,娴熟的拼摆,加上恰当的色彩配伍,使得淮扬菜如同精雕细凿的工艺品。

❸ **注重本味**　淮扬菜既有南方菜的鲜、脆、嫩的特色,又融合了北方菜咸、色、浓的特点,形成了自己甜咸适中、咸中微甜的风味。淮扬菜以鲜活产品为原料,在调味时追求清淡,从而能突出原料的本味。

❹ **讲究火工**　淮扬菜肴根据古人提出的"以火为纪"的烹饪纲领,鼎中之变精妙微纤,通过火工的调节体现菜肴的鲜、香、酥、脆、嫩、糯、细、烂等不同特色。淮扬菜擅长炖焖烧煮,因为这几种方法能较好地突出原料本味。淮扬菜以炖焖烧煮为主的名菜有蟹粉狮子头、清炖圆鱼、砂锅野鸭、三套鸭、大煮干丝等。

❺ **菜肴富于变化**　淮扬菜制作菜肴的工艺,富于变化,想象力丰富。淮扬菜富于变化的特点,可见一斑。淮扬菜系的原料很少用山珍海味,名菜多用当地产的普通原料,没有居高临下的气派,也不平淡无味,无论是选料、刀工、调味等都中规中矩、精工细作、讲究韵味,淮扬菜制作就像写诗作画,有浓厚中国传统文化底蕴。

(二)淮扬菜代表菜介绍

❶ **大煮干丝**　又称鸡汁煮干丝,汉族传统名菜,属淮扬菜系(淮安、扬州、镇江),是一道既清爽,又有营养的佳肴,其风味之美,历来被推为席上美馔,是淮扬菜系中的看家菜。原料主要为淮扬方干,刀工要求极为精细,多种佐料的鲜香味经过烹调复合到豆腐干丝里,吃起来爽口开胃,异常珍美,百食不厌。

大煮干丝(图 1-4-10)风味特点:鲜香之味渗入极细的豆腐干丝中而不见一滴油花,没有一毫豆腥,乃是脍不厌细的代表作。

❷ **蟹粉狮子头**　江苏地区汉族传统名菜,属于淮扬菜系。口感松软,肥而不腻,营养丰富。红烧,清蒸,脍炙人口。主要原料是蟹肉和用猪肉斩成细末做成的肉丸(镇江人俗称"斩肉")。斩肉的做法很多,有清炖的,有水余的,有先油煎后红烧的,有先油炸后与其他食物烩制的,有用糯米滚蒸的。所谓狮子头则是因菜肴造型大而圆,夸张比喻为狮子头。蟹粉狮子头(图 1-4-11)肥瘦肉的比例,冬季一般为 7∶3,夏季一般为 5∶5,春秋季一般为 6∶4,烹制的关键是制肉馅及炖制的火候。

❸ **松鼠桂鱼**　江苏苏州地区的汉族传统名菜,在江南各地一直将其列作宴席上的上品佳肴,在海内外久享盛誉。这道菜有色有香,有味有形,更让人感兴趣的还有声。当炸好的犹如"松鼠"的桂鱼上桌时,随即浇上热气腾腾的卤汁,这"松鼠"便吱吱地"叫"起来。

松鼠桂鱼(图 1-4-12)风味特点:刀工精细,口感酥脆,口味酸甜。

图 1-4-10   大煮干丝

图 1-4-11   蟹粉狮子头

❹ **梁溪脆鳝**   又名无锡脆鳝,是江苏鳝肴中别具一格的传统名菜,享誉海内外。梁溪脆鳝(图1-4-13)相传始创于一百多年前的太平天国时期,系惠山直街一姓朱的油货摊主发明流传下来的。梁溪,为流经无锡市的一条重要河流,其源出于无锡惠山,北接运河,南入太湖,梁溪脆鳝由鳝丝经两次油炸而成,外观酱褐色、乌光发亮,口味甜中带涩、松脆适口,即使保存几天,也不致发软。

梁溪脆鳝风味特点:口感松脆、味浓汁酸。

图 1-4-12   松鼠桂鱼

图 1-4-13   梁溪脆鳝

四、粤菜特色及代表菜介绍

(一)粤菜特色

广东菜,简称粤菜,是我国四大菜系之一,有"食在广州"的美誉。

广东省四季常青,物产丰富,山珍海味无所不有,蔬果时鲜四季不同。粤菜,有广州菜、潮州菜和东江菜三大类组成。广州菜集南海、番禺、东莞、顺德、中山等地方风味的特色,兼京、苏、扬、杭等外省菜以及西菜之所长,融为一体。广州菜的第一个特点是,取料广泛,品种花样繁多,令人眼花缭乱。天上飞的,地上爬的,水中游的,几乎都能上席。广州菜的另一突出特点是,用量精而细,配料多而巧,装饰美而艳,而且善于在模仿中创新,品种繁多。广州菜的第三个特点是,注重质和味,口味比较清淡,力求清中求鲜、淡中求美。而且随季节时令的变化而变化,夏秋偏重清淡,冬春偏重浓郁。食味讲究清、鲜、嫩、爽、滑、香;调味遍及酸、甜、苦、辣、咸;此即所谓五滋六味。

潮州菜以烹调海鲜见长,刀工技术讲究,口味偏重香、浓、鲜、甜。喜用鱼露、沙茶酱、梅羔酱、姜酒等调味品,甜菜较多,款式百种以上,都是粗料细作,香甜可口。潮州菜的另一特点是喜摆十二款,上菜次序又喜头、尾甜菜,下半席上咸点心,广为流传。

东江菜又称客家菜,所谓客家,是古代从中原迁徙南来的汉人,多是整村而迁或是整族而徙的,定居东江山区后,仍沿袭中原时的语言和风俗习惯,故菜肴的特色也得以保留。东江菜以惠州菜为代表,下油重,口味偏咸,酱料简单,但主料突出。喜用三鸟、畜肉,很少配用菜蔬,河鲜海产也不多。代表品种有东江盐焗鸡、东江酿豆腐、爽口牛丸等,表现出浓厚的古代中州之食风。

(二)粤菜代表菜介绍

❶ **香芋扣肉**　广东地区汉族客家名菜之一,是客家人逢年过节必做的一道菜。主要原料是香芋和猪肉,工艺是蒸,制作简单。香芋和五花肉配在一起,相辅相成,香芋吸收五花肉的油和肉味,五花肉也变得不油腻了而且甘香可口。

香芋扣肉(图1-4-14)风味特点:色泽铁红、肉质烂而不糜、荔芋松粉、肉富芋味、芋有肉香、风味别致。

❷ **广州文昌鸡**　明代有一文昌人在朝为官,回京时带了几只鸡供奉皇上。皇帝品尝后称赞道:"鸡出文化之乡,人杰地灵,文化昌盛,鸡亦香甜,真乃文昌鸡也!"文昌鸡由此得名,誉满天下。

广州文昌鸡(图1-4-15)的"文昌"二字,含义有二:一是首创时选用海南文昌市的优质鸡为原料;二是首创此菜的广州酒家地处广州市的文昌路口,文昌市产的鸡体大,肉厚,但骨较粗硬,以常法烹制,难以尽其特点,20世纪30年代广州酒家名厨梁瑞匠心独运,把它去骨取肉,用切成大小相等的火腿和鸡肉拼配成形,扬其所长,避其所短,恰到好处,数十年来,文昌鸡已传遍国内外。

广州文昌鸡风味特点:造型美观,芡汁明亮,三样拼件颜色不同,滋味各异,为广州八大鸡之一。

图1-4-14　香芋扣肉

图1-4-15　广州文昌鸡

❸ **护国菜**　广东省潮州地区汉族传统名菜之一,属于粤菜。相传在公元1278年,宋朝最后一个皇帝——赵昺逃到潮州,寄宿在一座深山古庙里,庙中僧人听说是宋朝的皇帝,对他十分恭敬,看到他一路上疲劳不堪,又饥又饿,便在自己的一块番薯地上,采摘了一些新鲜的番薯叶子,去掉苦叶,制成汤菜。宋少帝正饥渴交加,看到这菜碧绿清香,软滑鲜美,吃后倍觉爽口,于是大加赞赏。宋少帝看到庙中僧人为了保护自己,保护宋朝,在无米无菜之际,设法为他做了这碗汤菜,十分感动,于是就封此菜为"护国菜"(图1-4-16),一直延传至今。现在广州和潮州地区,许多菜馆都有此菜供应。

护国菜风味特点:色泽碧绿如翡翠,清香味美,软滑可口。

❹ **盐焗鸡**　汉族客家特色名菜,属粤菜、客家菜。广东久负盛名的客家菜肴,广东本地客家招牌菜式之一,流行于广东深圳、惠州、河源、梅州等地,现已成为享誉国内外的经典菜式,盐焗鸡(图 1-4-17)皮软肉嫩,香浓美味,并有温补功能,首创于广东东江一带。

风味特点:皮软肉嫩,鲜香可口。

图 1-4-16　护国菜　　　　　　　　　　图 1-4-17　盐焗鸡

【任务评价】

见表 1-4-1。

表 1-4-1　"感受菜系魅力"任务评价

评价内容	评价标准	分值/分	得分/分
任务完成情况	准确描述四大菜系的主要烹调技法	2	
	熟练叙述四大菜系的风味特点	2	
	准确说出四大菜系的三个代表菜	1	
合计			

在线答题
1-4-1

【实践活动】

查询中国八大菜系的代表菜,制作成 PPT 在全班介绍。

【知识链接】

八大菜系之闽、浙、徽、湘四种菜系

民国开始,中国各地的文化有了相当大的发展。苏式菜系分为苏菜、浙菜和徽菜;广式菜系分为粤菜、闽菜;川式菜系分为川菜和湘菜。川、鲁、苏、粤四大菜系形成历史较早,后来,闽、浙、徽、湘等地方菜也逐渐出名,就形成了中国的"八大菜系"。以下着重介绍闽、浙、徽、湘四大菜系。

❶ **闽菜**　以闽东、闽南、闽西、闽北、闽中、莆仙地方风味菜为主形成的菜系。以闽东和闽南风味为代表。闽菜清鲜、淡爽,偏于甜酸,尤其讲究调汤,汤鲜味美,汤菜品种多,具有传统特色。闽东菜有"福州菜飘香四海,食文化千古流传"之称,有以下鲜明特征:一为刀工巧妙,寓趣于味;二为汤菜众多,变化无穷;三为调味奇特,别具一格。闽菜突出的烹调方法有醉、扣、糟等,其中最

具特色的是糟,有炝糟、醉糟等。闽菜中常使用的红糟,由糯米经红曲发酵而成,糟香浓郁,色泽鲜红。糟味调料本身也具有很好的去腥臊、健脾肾、消暑火的作用,非常适合在夏天食用。

❷ **浙菜** 浙江地处我国东海之滨,素称鱼米之乡,特产丰富,盛产山珍海味和各种鱼类。浙菜是以杭州、宁波、绍兴和温州四种风味为代表的地方菜系。浙菜采用原料十分广泛,注重原料的新鲜、合理搭配,以求味道的互补,充分发掘出普通原料的美味与营养。

杭帮菜重视其原料的鲜、活、嫩,以鱼、虾、禽、畜、时令蔬菜为主,讲究刀工,口味清鲜,突出本味。其制作精细,变化多样,并喜欢以风景名胜来命名菜肴,烹调方法以爆、炒、烩、炸为主,清鲜爽脆。宁波菜咸鲜合一,以烹制海鲜见长,讲究鲜嫩软滑,重原味,强调入味。口味"甜、咸、鲜、臭",以炒、蒸、烧、炖、腌制见长,讲究鲜嫩软滑,注重大汤大水,保持原汁原味。温州菜素以"东瓯名镇"著称,也称瓯菜,烹调讲究"二轻一重",即轻油、轻芡、重刀工。杭帮菜与温州菜都自成一体,别具一格,而金华菜则是浙菜的重要组成部分,其中金华火腿最为著名。

浙菜名菜名点有龙井虾仁、西湖莼菜、虾爆鳝背、西湖醋鱼、冰糖甲鱼、剔骨锅烧河鳗、苔菜小方烤、雪菜大黄鱼、腐皮包黄鱼、网油包鹅肝、荷叶粉蒸肉、黄鱼海参羹、彩熘全黄鱼等。

❸ **徽菜** 徽菜只指徽州菜,以区别于安徽菜。徽菜来自徽州,但是它的发源地是安徽黄山。徽菜离不开徽州这个特殊的地理环境提供的客观条件,其主要特点是喜用火腿佐味,以冰糖提鲜,善于保持原料的本味、真味,口感以咸、鲜、香为主,放糖不觉其甜。徽菜菜肴常用木炭风炉单炖单煮,原锅上桌,浓香四溢,体现了徽味古朴典雅的风貌。

徽菜擅长烤、炖,讲究火工,其特点是芡大油重。因此,患有高血压、高血脂、冠心病等疾病的人最好少吃徽菜,或选择其中的汤菜、炖菜食用。主要名菜有火腿炖甲鱼、腌鲜鳜鱼、黄山炖鸽等上百种。

徽菜的形成与江南古徽州独特的地理环境、人文环境、饮食习俗密切相关。绿树成荫、沟壑纵横、气候宜人的徽州自然环境,为徽菜提供了取之不尽、用之不竭的徽菜原料。得天独厚的条件成为徽菜发展的物质保障。在绩溪民间宴席中,县城有吃"六盘、十碗细点四",岭北有吃"四盘、一品锅",岭南有吃"九碗六、十碗八"的习惯。

❹ **湘菜** 我国历史悠久的一个地方风味菜系。湘菜特别讲究调味,尤重酸辣咸香、清香浓鲜。夏天炎热,其味重清淡、香鲜;冬天湿冷,味重热辣、浓鲜。

湘菜调味,特色是"酸辣",以辣为主,酸寓其中。"酸"是酸泡菜之酸,比醋更为醇厚柔和。湖南大部分地区地势较低,气候温暖潮湿,古称"卑湿之地",而辣椒有提热、开胃、祛湿、祛风之效,故深为湖南人民所喜爱。剁椒经过乳酸发酵,具有开胃、养胃的作用。

湘菜的特色一是辣,二是腊。著名菜点有东安仔鸡、剁椒鱼头、腊味合蒸、组庵鱼翅、冰糖湘莲、红椒腊牛肉、发丝牛百叶、干锅牛肚、平江火焙鱼、吉首酸肉、湘西外婆菜、换心蛋等。湘菜中的长沙小吃是中国四大小吃之一,主要品种有糯米粽子、麻仁奶糖、浏阳豆豉、臭豆腐、春卷、口味虾、糖油粑粑等。

任务五

体验中餐风味

扫码看课件

【任务描述】

　　通过前面的学习,李宇认识到中餐烹饪文化的博大精深,进一步激发了学习烹饪的热情。张师傅要求李宇通过游览或查阅"少数民族地区""寺院""药膳典籍"等著名的名胜古迹和人文景观、药膳典籍,了解中国烹饪"民族风味""素斋风味""药膳风味"的饮食习惯、风味特色,更深层次地认识中餐烹饪的民族性和多样性。

【学习目标】

　　(1)了解中餐"民族风味""素斋风味""药膳风味"饮食习惯及著名的代表菜。

　　(2)体会"民族风味""素斋风味""药膳风味"的风味特色。

　　(3)感受中国烹饪的民族性和多样性。

【任务学习过程】

　　中国烹饪是世界著名的三大烹饪流派之一,拥有数不胜数的美馔佳肴,令世人敬仰和称道。从地域角度看,中国菜肴有菜系之说;从历史角度看,中国菜肴又包括民族风味、素斋风味、药膳风味等诸多不同的特色。这些不同的风味菜品为中国烹饪的发展起了很好的补充作用,使中国烹饪更加丰富多彩。

一、民族风味介绍

(一)民族风味的知识介绍

　　我国是一个幅员辽阔,人口众多的国家,其中少数民族在我国人口中占很大的比例。

　　在中国烹饪这个百花园地里,少数民族菜以它独特的烹调方法和著名的菜肴享誉中华大地。壮族是我国少数民族中人口最多的一个民族。壮族人民善于烹调,已形成"壮味"。每年壮族的火把节,在庆祝宴上各家各户竞献绝技,名菜佳点层出不穷。如"火把肉""皮旺糁""白炒三七花田鸡"等。白族人民善于腌制火腿、香肠、弓鱼、猪肝醉、油鸡、螺蛳酱等品种繁多的食品。妇女尤擅制作蜜饯、雕梅、苍山雪炖甜梅。白族人民非常好客,每逢客至,首先邀请客人上座,随即奉献烤茶、果品,再用八大碗、三碟水果等丰盛的菜肴款待客人。回族菜,亦名清真菜。清者,洁如澄水,明如满月;真者,言无虚假,行无伪诈。要做到"清真"两字,从人到事,遍及至物,都须如此。清真膳食,擅烹牛羊肉,名菜如"烤全羊""涮羊肉""烤羊肉",这些都是清真菜的代表。其他如满族菜、蒙古族菜、藏族菜、朝鲜族菜等,亦各具特色。

Note

（二）民族风味代表菜介绍

❶ **烤全羊** 蒙古族宴席名菜，选料精细、工艺考究。传统的方法是选择肥尾羯羊，用蒙古杀羊法宰杀，去皮，去内脏后，将佐料填装羊的胸、腹腔，将羊吊在专用烤炉中，烧烤 4～5 小时。出炉的全羊（图 1-5-1），色泽红，皮酥脆，肉鲜嫩，味香浓。上席时将正羊以平卧状置于大木盘中。脖子上系一红带以示隆重。烤全羊是启位大菜，主人要先唱歌、献哈达、敬酒，在呼伦贝尔，主人先用刀将羊头划成几小块，首先献给席上最尊贵的客人或长者，然后撤下羊头，再将羊背上划一刀后，从脊两边一块一块地割肉，逐个送给客人。此礼仪结束后，可安排适量凉盘及热菜。

图 1-5-1 烤全羊

❷ **酸汤鱼** 说到酸汤鱼，不能不提到酸汤。到贵州，不能不吃酸汤鱼（图 1-5-2）。

相传在远古的时候，苗岭山上居住着一位叫阿娜的姑娘，不仅长相貌美、能歌善舞，且能酿制美酒，该酒有幽兰之香，清如山泉。方圆几百里的小伙子们都来求爱，凡来求爱者，姑娘就斟上一碗自己酿的美酒，不被中意者吃了这碗酒，只觉其味甚酸，心里透凉，但又不愿离去，当夜幕临近，芦笙悠悠，山歌阵阵，小伙子们房前屋后用山歌呼唤着姑娘来相会，姑娘就只好隔篱唱着："酸溜溜的汤哟，酸溜溜的郎，酸溜溜的郎哟听阿妹来唱；三月槟榔不结果，九月兰草无芳香，有情山泉变美酒，无情美酒变酸汤……"这个传说说明酸汤的食用历史悠久，最初的酸汤是用酿酒后的尾酒调制的，后改用热米汤经自然发酵及其他许多做法，有些小餐馆用贵州的糟辣椒结合番茄、白醋、柠檬酸等做"酸汤"。

❸ **石蹦炖蛋** 石蹦炖蛋，是哈尼族的名菜，鲜美滋嫩可口，营养极好。石蹦属棘蛙群，全国共有 7 种，云南有 5 种。云南景东县的花棘蛙为当地特产。雄蛙胸腹有黑色小棘刺，用手指置于胸前，其前肢将手紧抱不放，故石蹦又名抱手。石蹦炖蛋（图 1-5-3）鲜甜，可与仔鸡媲美，有滋补小儿疳瘦及治疗疳结之食效。

图 1-5-2 酸汤鱼

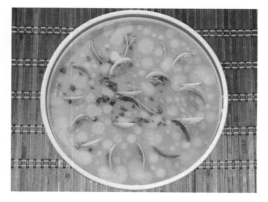

图 1-5-3 石蹦炖蛋

二、素斋风味介绍

（一）素斋风味知识介绍

素斋风味以素菜为特色。中华大地从南到北，从东到西，生活习惯差异明显，但在喜食素菜这一点上,却有着惊人的相似。中国素食历史源远流长,历经元明,到了公元 17 世纪的清代,素食(图 1-5-4)开始了它的"黄金时代",并出现了宫廷、寺院和市肆素食的分野。宫廷素食,也叫斋菜(图 1-5-5),主要是帝后斋戒时享用,清宫御膳房为此设有"素局"。这些素菜御厨,能用面筋、豆腐、蔬果等原料,做出数百种风味各异的素食。寺院素食,叫斋菜或释菜,主要用于法师讲经、沙弥受戒,或招待居士、施主及游客,专门由香积厨(即僧厨)制作。素菜的高蛋白质、低脂肪和含有多种维生素成分的特点,得到国内外美食家的高度评价,也为素菜的发展拓宽了前景。

图 1-5-4　素菜馆　　　　　　　　　图 1-5-5　素食馆

(二)素斋风味代表菜介绍

❶ **素鸡**　素鸡是一种汉族豆制食品,属闽菜系,是一道福建风味素菜。素鸡(图 1-5-6)以素仿荤,口感和味道与原肉难以分辨,其风味独特。素鸡以豆腐皮作主料,卷成圆棍形,捆紧煮熟,切片过油,加调料炒制。素鸡也可做成鱼形、虾形等其他形状。

❷ **素火腿**　一道汉族名菜,其生产工艺和技艺,流传至今已有 1500 多年的历史,是佛教文化和饮食文化有机结合的产物。素火腿(图 1-5-7)主要食材是豆腐衣,因形似火腿而得名。成品红白相间,香甜细嫩,色形逼真,并有益肺固肾、行气和胃之功效。

图 1-5-6　素鸡　　　　　　　　　图 1-5-7　素火腿

❸ **鼎湖上素**　广东地区汉族传统名菜之一,属于粤菜素食菜谱之一,上素是高级菜之意。鼎湖上素由广东肇庆鼎湖山庆云寺一位老和尚创于明朝永历年间,以银耳为制作主料,鼎湖上素的烹调技巧以蒸菜为主,口味属于清香味。鼎湖上素(图 1-5-8)的特色:食时鲜嫩滑爽,清香四溢,乃素菜上品。

❹ **素烧四宝**　素食菜谱之一,以草菇为制作主料,以烧菜为主,口味属于咸甜味。素烧四宝(图 1-5-9)的口感咸甜微辣,酒饭皆宜。

图 1-5-8 鼎湖上素

图 1-5-9 素烧四宝

三、药膳风味介绍

（一）药膳风味知识介绍

中国药膳，是在中医理论指导下，用中药和食物相配合，通过烹调加工而成，具有防病治病、保健强身作用的美味食品。健康长寿，古今为人们所神往，人们对食物与健康之奥秘从未终止过探索研究。我国现存最早的医经典籍《黄帝内经》曰："五谷为养，五果为助，五畜为益，五菜为充。"这是"平衡膳食"的科学观点。经过数千年的大浪淘沙，食疗经验是千锤百炼的结晶，许多传统的食疗方剂和药膳佳肴，千百年来得以盛传不衰，广为应用。选用药膳菜（图 1-5-10 至图 1-5-13），应在中医理论指导下食用，做到因时、因地、因人制宜。药膳不仅是可口的美味佳肴，而且具有极高的治疗效果，正如近代名医张锡纯在《医学衷中参西录》中所说："病人服之，不但疗病，还可充饥，……用之对症，病自渐愈，若不对症，亦无他患，诚为至稳至善之方也。"

图 1-5-10 枸杞子

图 1-5-11 人参

图 1-5-12 当归

图 1-5-13 白芷

Note

（二）药膳风味代表菜介绍

❶ **枸杞牛冲汤**　重庆地区汉族传统名菜,享誉全川,食疗治阳痿早泄、腰膝酸软、疲乏健忘。枸杞子为中药材,有补血益精、养肝明目之功效,牛冲又名牛鞭,为雄性壮龄黄牛的外生殖器,有壮阳补肾之功效,两者合烹而成的"枸杞牛冲汤"(图 1-5-14),汤色清澈,浓郁醇香,质地软糯,富于营养。

❷ **当归鸡蛋**　当归别名众多,如干归、马尾当归、马尾归、云归、西当归、岷当归、金当归等,分布于甘肃、云南、四川、青海、陕西、湖南、湖北、贵州等地,各地均有栽培。当归的根可入药,是最常用的中药。当归也可用于卤制品配料中,其主要特点是去腥增香,增加肉制品和药的香味(图 1-5-15)。

图 1-5-14　枸杞牛冲汤

图 1-5-15　当归鸡蛋

❸ **虫草炖雪鸡**　甘南草原珍品,是用驰名中外、人间稀有的珍贵滋补品——冬虫夏草,加上肉质细嫩、味道鲜美,历来被视为餐桌上的美味佳肴——雪鸡,以及具有补肺补脾、益气敛汗的黄芪烹制而成,可治疗肺虚咳喘、脾虚久泻、面黄肌瘦等症,久服有乌须发、驻容颜的功效(图 1-5-16)。

图 1-5-16　虫草炖雪鸡

【任务评价】

见表 1-5-1。

表 1-5-1　"体验中餐风味"任务评价

评价内容	评价标准	分值/分	得分/分
任务完成情况	准确描述民族风味的主要特点	3	
	能准确说出四大菜系的两种代表菜	2	
合计			

在线答题
1-5-1

【实践活动】

查询中餐民族风味的代表菜,以文字的形式叙述其主要的烹调方法及风味特点。

【知识链接】

官府菜和宫廷菜介绍

中国烹饪有八大菜系、五大风味。五大风味除民族风味、素斋风味、药膳风味之外,还有官府风味和宫廷风味。下面就重点介绍官府菜和宫廷菜。

官府菜又称官僚士大夫菜,包括一些出自豪门之家的名菜。官府菜在规格上一般不得超过宫廷菜,而又与庶民菜有极大的差别。唐代黄升"日烹鹿肉三斤,自晨煮至日影下门西,则喜曰:'火候足矣!'如是者四十年。"贵族官僚之家生活奢侈,资金雄厚,原料丰富,这是形成官府菜的重要条件之一。官府菜形成的另一个重要条件是名厨师与品味家的结合。一道名菜的形成,离不开厨师,也离不开品味家(图1-5-17)。

宫廷菜,就是专供宫廷皇室的菜肴,是中华菜肴的杰出代表。元明以来,宫廷菜主要是指北京宫廷菜,其特点是选料严格,制作精细,形色美观,口味以清、鲜、酥、嫩见长。宫廷菜著名的菜点有熘鸡脯、荷包里脊、四大抓、四大酱、四大酥、小糖窝头、豌豆黄、芸豆卷等(图1-5-18,图1-5-19,图1-5-20)。

图 1-5-17　罗汉大虾

图 1-5-18　宫廷菜馆

图 1-5-19　豌豆黄

图 1-5-20　芸豆卷

走进现代中餐厨房

一、单元概述

厨房是中餐烹饪专业学生学习和工作的重要场所，为了更好地体现以学生为本，以企业需求为培养目标的职业教育宗旨，本单元以一名学生带着学习任务参观中餐厨房为主线，引领大家了解厨房的工作环境、组织机构、工作流程、安全烹饪方法、食品污染预防、垃圾分类，使学生在专业学习前期，能对将来所从事的职业有一个全面认知，从而树立职业理想，努力使所学与实践有效结合。

二、单元学习目标

（1）了解厨房各岗位名称、工作流程及主要的设备设施。

（2）了解现代厨房的组织管理及中央厨房的运作流程。

（3）掌握安全烹饪的方法及具体要求。

（4）学会预防食品污染的方法。

（5）能对厨房垃圾进行合理分类，不断提升卫生、安全、环保意识。

三、单元学习要求

（1）结合专业技能学习，在实践中运用所学知识。

（2）积极参与专业企业参观与实践，在真实环境中加强对所学知识的理解和运用。

任务一

初识厨房环境

扫码看课件

【任务描述】

李宇在学习了烹饪基础理论及基本技能后,张师傅带他参观了专业厨房环境,对中餐厨房水台、砧板、打荷、炒锅、上杂、冷菜、面点岗位工作环境及厨房基本设施设备、工具进行了介绍,帮助李宇全面认识和了解中餐厨房工作环境。

【学习目标】

(1) 认识中餐厨房的环境和岗位。

(2) 了解中餐厨房基本设施设备、工具。

(3) 逐步树立对中餐烹饪专业的认同感。

【任务学习过程】

一、中餐厨房环境

精心设计、装修合理的厨房是适合厨师精心烹饪的工作场所。厨房装修首先要注重它的功能性。打造温馨舒适厨房,一要视觉干净清爽,二要有舒适方便的操作,橱柜的摆放要科学合理。灶台的高度,灶台和水池的距离,冰箱和灶台的距离都有明确的要求。择菜、切菜、炒菜、冷菜、面点都有各自的空间(图 2-1-1)。

图 2-1-1 中餐厨房全景

Note

二、中餐厨房的岗位

（一）水台岗位

❶ **水台岗位工作环境介绍**　中餐厨房水台岗位是原料进入厨房的第一生产岗位,主要负责将蔬菜、水产、禽畜、肉类等各种原料进行拣摘、洗涤、宰杀、整理,是原料加工的一个重要环节,也是一项较复杂的工艺流程。水台厨师必须在熟悉完整的工作流程的基础上,完成水台初加工的操作(图 2-1-2)。

❷ **水台岗位工作设备及工具介绍**　水台岗位设备与工具:消毒池、水台(肉类清洗池、蔬果清洗池)、货架、砧板、海鲜饲养池、垃圾桶、操作台、片刀、砍刀、削皮刀、起壳器、抹布等(图 2-1-3至图 2-1-7)。

图 2-1-2　水台岗位工作环境

图 2-1-3　消毒池

图 2-1-4　肉类清洗池

 Note

图 2-1-5 海鲜饲养池

图 2-1-6 水台岗位常用工具

（二）砧板岗位

❶ **砧板岗位工作环境介绍** 中餐厨房砧板又称砧墩或案板切配,砧板岗位主要负责将初加工的蔬菜、水产、肉类等各种原料进行细加工,负责将已加工的原料按照菜肴制作要求进行主料、配料、料头(又叫小料,主要是配到菜肴里起增香作用的葱、姜、蒜等)的组配(图 2-1-8)。

图 2-1-7 货架

图 2-1-8 砧板岗位工作环境

❷ **砧板岗位设备及工具介绍** 砧板岗位设备与工具:操作台、卧式冰箱、砧板、四门冰箱、货

架车、垃圾桶、马斗、笪箕、盆、片刀、砍刀、小刀、磨刀石、冷冻保鲜房、抹布等（图 2-1-9 至图 2-1-12）。

图 2-1-9　操作台

图 2-1-10　四门冰柜

图 2-1-11　配菜台

图 2-1-12　砧板岗位常用工具

（三）打荷岗位

❶ **打荷岗位工作环境介绍**　如果刚进厨房不分在水台一般都会分在打荷线，在厨房里也叫作中线，因为它在砧板线和炒锅线之间，打荷员隔着一条打荷台站在炒锅师傅的后面，所以能一直不断地在师傅后面学习。打荷员负责将砧板岗位切配好的原料按照菜单分到打荷台上让炒锅师傅进行烹调。炒锅厨师把菜炒好之后，打荷员又要负责把菜整理好并摆好装饰，然后将成品送到传菜台（图 2-1-13）。

❷ **打荷岗位设备及工具介绍**　打荷岗位设备与工具：操作台、卧式推拉门储物柜、笪箕、马斗、筷子、出菜盘、抹布等（图 2-1-14）。

（四）炒锅岗位

❶ **炒锅岗位工作环境介绍**　炒锅岗位负责煎、炒、烹、炸等，是将砧板人员组配的材料进行热处理的工作。炒锅岗位还可以细分为炒炉、煎炉、炸炉等，很多厨房会将炒锅岗位编号，号码越靠前代表级别越高。所以在一家大型酒楼、酒店如果能站到第三、四只锅已经是相当不错了，头锅和二锅通常都是这条线的管理者（图 2-1-15）。

Note

图 2-1-13　打荷岗位工作环境

图 2-1-14　打荷岗位常用工具

图 2-1-15　炒锅岗位工作环境

❷ **炒锅岗位设备及工具介绍**　炒锅岗位设备与工具:灶台、平头炉、双耳锅、铲子、手勺、漏勺、调料罐、筷子、小勺、汤桶、马斗、抹布等(图 2-1-16)。

（五）上杂岗位

❶ **上杂岗位工作环境介绍**　上杂岗位厨师,主要负责蒸、炖、干货涨发、吊汤等和水蒸气有关的烹调。上杂厨师经常会接触贵重的食品如鲍鱼、燕窝、鱼翅等干货,所以一般都会挑选细致认真的厨师在这条线上(图 2-1-17)。

❷ **上杂岗位设备及工具介绍**　上杂岗位设备与工具有吊样蒸汽锅、蒸箱、竹达、木签子、冷藏冷冻柜、汤桶、马斗、手勺、漏勺、抹布、出菜盘、炖盅、砂锅等(图 2-1-18)。

图 2-1-16　炒锅岗位常用工具

图 2-1-17　上杂岗位工作环境

图 2-1-18　上杂岗位常用厨具

（六）冷菜岗位

❶ **冷菜岗位工作环境介绍**　冷菜岗位要求厨师熟悉工作流程，熟知食品卫生制度。冷菜厨师主要负责凉菜拌制、烧腊烤制、卤水调制、半成品预制和水果拼盘制作等任务。冷菜岗位的环境要求明亮、整洁、卫生达标，定期要对工具进行消毒。冷菜厨师必须每天定时清理卤汤，检查冰箱熟制食品是否还能食用，避免给客人食用后出现腹泻等（图 2-1-19）。

图 2-1-19　冷菜常用岗位环境

❷ **冷菜岗位设备及工具介绍**　冷菜岗位设备与工具有炉灶、烤炉、微波炉、制冰机、冰柜、双耳锅、汤桶、手勺、漏勺、油盐子、抹布、马斗、塑料盒、烧鸡、片刀、熟食墩子、筷子、废料盒、调料罐等(图 2-1-20)。

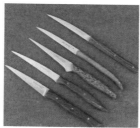

图 2-1-20　冷菜岗位常用工具

(七)面点岗位

❶ **面点岗位工作环境介绍**　面点岗位每天生产的点心品种多而且数量大,为结合企业产销和服务工作的需要,部门之内的分工、职责是比较明确的。一般分为主按(通常为部门的负责人)、副按、熟笼、拌馅、煎炸、饼铛、头杂、水镬(蒸肠粉和小食糕品)等工种。在各工种人员的分工和相互配合下,协同工作,以利于提高工作效率和保证食品质量(图 2-1-21)。

图 2-1-21　面点岗位工作环境

❷ **面点岗位设备及工具介绍**　面点岗位设备及工具:面案、冰箱、烤箱、压面机、和面机、面粉车、调料柜、烤盘车、蒸箱、电饼铛、炸炉、微波炉、马斗、盆、刷子、刀、模具、擀面棍、走锤、刮板等(图 2-1-22)。

Note

图 2-1-22   面点岗位常用设备及工具

【任务评价】

见表 2-1-1。

表 2-1-1   "初识厨房环境"任务评价

评价内容	评价标准	分值/分	得分/分
任务完成情况	正确认识中餐厨房各岗位工作环境	2	
	准确叙述中餐厨房各岗位设备及工具	3	
合计			

【实践活动】

到酒店厨房参观学习,初步了解各功能厨房的主要设备。

【知识链接】

厨房的布局规则

厨房的总体布局应该按进货验收、切配、烹调等区域依次定位,在某区域内的布局应按厨房生产流程设计,防止原料、半成品、成品倒流,只有这样才能保证厨房各工序顺利运行。常见的厨房布局有以下几种。

一、直线排列式厨房

直线排列式厨房是把厨房主要设备排列成一条直线,通常均面对着墙壁排成一排。这种类型的厨房中工作流程完全在一条直线上进行,容易互相干扰,尤其是在多人同时进行操作时。因此,三点间的科学站位,就成为厨房工作顺利进行的保证。在布置直线排列式厨房时,冰箱和炉灶之间的距离应控制在 2.4~3.6 m,若距离小于 2.4 m,橱柜的储存空间和操作台前空间会很狭

Note

窄;距离过大,则会增加厨房工作往返的路程,使人疲劳,从而降低工作效率。

二、背靠背平行排列式厨房

背靠背平行排列式厨房的布局即是在厨房空间相对的两面墙壁布置设备,可以重复利用厨房的走道空间,提高空间的利用效率。背靠背平行排列式厨房将厨房主要设备作业区集中,仅使用最少通风空调设备,属于最为经济方便的一种方式。在此种布局形式下,水槽与炉灶间往返最频繁,故两者距离在1.2~1.8 m较为合理;冰箱与水槽间距离应在1.2~2.1 m。同时人体工程专家建议,背靠背平行排列式厨房空间净宽应不小于2.1 m,最好在2.2~2.4 m,这样的格局适用于狭长形的厨房,可容纳几个人同时操作,但分开的两个工作区仍会给操作带来不便(图2-1-23)。

图 2-1-23　背靠背平行排列式厨房

三、L形厨房

L形厨房的布局是沿厨房相邻的两边布置家具设备(图2-1-24),这种布置方式是在厨房空间不够大或由于房型限制,不能适用于前两种形式而设计的。这种布置方式动线短,是很有效率的厨房设计。为了保证"工作三角形"在有效的范围内,L形厨房的较短一边边长不宜小于1.7 m,

图 2-1-24　L形厨房

较长一边在 2.8 m 左右,水槽和炉灶间的距离在 1.2~1.8 m,冰箱与炉灶距离应在 1.2~2.7 m,冰箱与水槽距离在 1.2~2.1 m。L 形厨房布局的水槽与转角间应留出 30 cm 的活动空间,以配合使用者操作上的需要。但是,工作三角形的一边与厨房过道相交,会产生干扰。

四、U 形排列式厨房

U 形排列式厨房(图 2-1-25)是中小型酒店运用较广的布局方式。这种布局多用于设备较多、人员较少、产品较集中的厨房部门,如点心间、冷菜间等。具体排列时,将工作台、冰柜及加热设备沿四周摆放,留一出口供人员、原料、成品进出。

图 2-1-25　U 形排列式厨房

了解现代厨房的组织管理

扫码看课件

【任务描述】

　　张师傅带领李宇参观了中餐厨房的各功能厨房后,李宇对厨房各岗位名称有了初步的了解。张师傅要求李宇继续学习厨房的组织管理方式,了解不同规模厨房的组织机构设置。

【学习目标】

　　(1) 了解厨房的种类和规模。

　　(2) 了解不同规模厨房的组织机构。

　　(3) 为在厨房中加强岗位与部门间沟通打下良好基础。

【任务学习过程】

　　厨房组织机构是厨房管理的核心,机构设置合理既可有效地开展工作,也可明确员工岗位和职责,表明各部门生产范围,为厨房生产和管理服务。

一、厨房的种类

　　依据厨房规模,可分为小型厨房、中型厨房和大型厨房。小型厨房是指能服务 300 位以下客人同时用餐的厨房,中型厨房是指能服务 300～500 位客人同时用餐的厨房,大型厨房是指能服务 1500 位客人同时用餐的厨房。小型厨房所生产的菜点风味比较单一,厨师分工综合性强,厨房占地面积相对较小。中型厨房和大型厨房规模大,分工细致,职责明确。

二、不同规模厨房的组织机构

（一）小型厨房组织机构

　　小型厨房组织机构如图 2-2-1 所示。小型厨房功能比较齐全,可根据情况灵活设立岗位。厨师长大多身兼数职,能更多地参与厨房生产管理的活动。

（二）中型厨房组织机构

　　中型厨房组织机构如图 2-2-2 所示。

（三）大型厨房的组织机构

　　大型厨房的组织机构如图 2-2-3 所示。总厨办公室负责协助行政总厨完成整个厨房的管理工作,厨房 A、B、C 分别代表了中餐的各功能厨房,厨房 D、E 分别代表西餐各功能厨房。各厨房内又可根据需要设区域领班或组长,分管各区域内的厨师及厨工。

Note

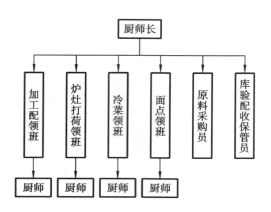

图 2-2-1　小型厨房组织机构

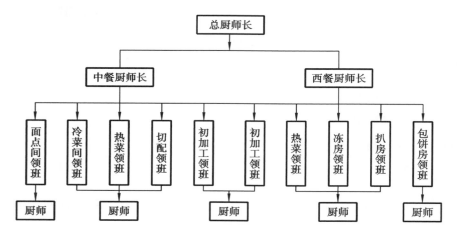

图 2-2-2　中型厨房组织机构

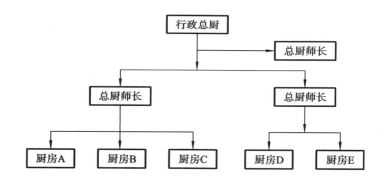

图 2-2-3　大型厨房的组织机构图

厨房的组织机构没有固定模式,可根据实际需求做相应调整,以有效、高质量完成厨房工作为宗旨,既不要使机构臃肿、运转不畅,也不可过于简单、分工混乱。

三、确定厨房人员数量的方法

厨房人员因饭店规模不同、星级档次不同、出品规格不同而数量各异。在确定人员数量时,应综合厨房生产规模的大小,餐厅、经营服务餐位的多少,餐厅范围的大小,餐厅营业时间的长短等因素来确定(图 2-2-4)。

确定厨房人员数量,多采用的是按比例确定的方法。即按照餐位数和厨房各工种员工之间

Note

的比例确定。档次较高的饭店,一般 13～15 个餐位配 1 名烹饪生产人员。例如,中餐粤菜厨房内部员工配备比例一般为 1 个炒锅配备 7 名生产人员。如 2 个炒锅配 2 名炒锅厨师、2 名打荷人员、1 名上杂人员、2 名砧板师、1 名水台工作人员、1 名面点师、1 名洗碗工、1 名择菜员、2 名跑菜员。如果炒锅数在 6 个以上,可设专职面点。其他菜系的厨房,炒锅与其他岗位人员(含加工员、切配员、打荷员等)的比例是 1∶4,面点与冷菜工种人员的比例为 1∶1。

图 2-2-4 厨房人员配备

【任务评价】

见表 2-2-1。

表 2-2-1 "了解现代厨房的组织管理"任务评价

评价内容	评价标准	分值/分	得分/分
任务完成情况	准确描述厨房分类标准	2	
	能用图示简要绘制小型厨房的组织机构	3	
合计			

【实践活动】

到酒店厨房参观学习,绘制其组织机构图。

【知识链接】

在线答题
2-2-1

厨师长岗位责任

一、厨师长

厨师长是厨房管理的核心,企业的成败和声誉在很大程度上取决于厨师长的业务素质和组织管理能力。

二、厨师长岗位职责

(一)制定工作计划

(1)根据市场情况、厨房的技术情况、库存情况做好特选菜和推销菜的筹划。

(2)严格控制厨房库存和剩余食品,根据以往销售情况和市场预测做好日常生产量的下达计划。

(3)制定厨房生产运行程序和工作规范。

(4)对大型宴会亲自制定菜单,亲自制定进货计划和生产安排。

(5)根据生产要求,制定厨房设备、用具的更换和添置计划。

（6）负责制定标准菜谱、产品规格和各流程的生产规格。制定厨师业务培训计划。

（7）制定菜点所需原料的质量规范，并对采购部门提出上述要求。

（8）参与各餐厅菜单策划和更换的工作。

（9）参与餐饮管理中各项检查工作所用表格的制定工作。

（10）制定年度预算，并用预算来控制费用。

（二）严格组织管理

（1）组织和指挥厨房各项工作。

（2）明确餐饮部的经营目标方针，下达生产指标。

（3）明确厨房各项规章制度。

（4）熟悉每位厨师的业务能力和技术特长，决定各岗位的人员安排和工作调动。

（5）做好厨师业务培训工作和档案管理工作。

（6）签署有关工作方面的报告和申请。

（7）参与厨房员工的招聘工作。

（8）协调下属部门与其他部门的关系。

（9）负责厨师考核、评估，并根据工作实绩进行奖惩。

（三）检查、监督各项工作

检查开餐前的准备工作，菜点的制作工艺和操作规范，菜肴的数量规格装盘规格和盘饰要求，菜点的制作速度和菜点温度，员工的仪容仪表、个人卫生及出勤情况。

（四）指导菜点开发、销售

及时了解客人口味和用餐方式的变化，从而更换菜谱。了解不同季节的市场供应情况，以便使菜单内容丰富，时令品种多，更能吸引客人。

任务三

熟悉厨房工作流程

扫码看课件

【任务描述】

　　李宇通过前面的学习已经掌握了厨房工作的必备理论知识,张师傅为了让李宇对各厨房的工作流程有全面的了解,安排他走入中餐的各功能厨房,实地了解工作流程。

【学习目标】

　　(1) 了解中餐各功能厨房的主要职能。

　　(2) 了解中餐各功能厨房的工作流程。

　　(3) 加强对中餐厨房岗位及对餐饮业的认识。

【任务学习过程】

　　厨房工作流程是厨房有效工作的保障,是从原料进货到制成成品的各工序的程序。按照厨房生产特点,厨房各区域、各个生产环节也都有各自的生产流程。

一、了解水台、砧板工作流程

（一）水台验收、收发流程

水台厨房验收、收发流程如图 2-3-1 所示。

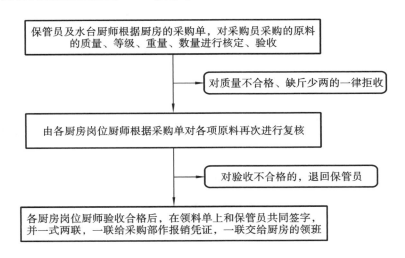

图 2-3-1　水台厨房验收、收发流程示意图

（二）水台工作流程

水台工作流程如图 2-3-2 所示。

```
┌─────────────────────────────────────────────────┐
│ 做好个人卫生，做好环境、地面、刀具和盛器等用品的清洁 │
└─────────────────────────────────────────────────┘
                        │
                        ▼
┌─────────────────────────────────────────────────┐
│   根据厨房菜品加工要求，分别对蔬菜、肉禽类、水产分类并进行削洗、宰杀、粗加工。│
│ 蔬菜类标准：无老叶、老根、老皮及筋络不能食用部分。修削整齐，无泥沙、虫卵等污物。各种原料│
│ 单独放置，没有串味等污染。                          │
│ 水产类标准：污秽杂物除尽，鳞、壳、泥等除尽。血放尽，鳃除尽，胆不破，内脏杂物除尽。洗净沥│
│ 干。                                              │
│ 肉禽类标准：污秽、杂毛和筋腱除尽                     │
└─────────────────────────────────────────────────┘
```

图 2-3-2　水台工作流程

（三）砧板工作流程

砧板工作流程如图 2-3-3 所示。

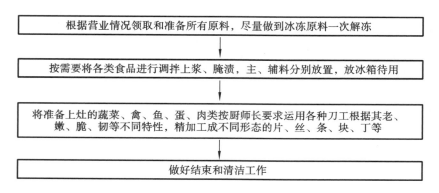

图 2-3-3　砧板工作流程

注意事项：

（1）根据厨师长对各种菜点用料的标准和毛利率幅度，分别将主、辅料继续加工、搭配，并注意营养成分，制定菜谱。

（2）涨发方法正确，涨发成品疏松软绵，清洁无异味，并达到规定涨发率。

（3）注意成本核算，合理使用原料，在保证质量的前提下做到副料整用，零料整用，边角料综合利用。

（4）切配人员经常与厨师长、餐厅管理人员及餐饮部经理保持联系，听取前一天对配菜质量的意见及客人提出的意见，以便改进切配质量。

（5）砧板应严格按生、熟原料区分，用后用刀刮砧板面，用水洗刷干净，竖起晒干。

（6）切配的刀具均要保持刀口锋利，不卷刃缺口，以防原料在斩切时连刀。刀用完后，必须及时消毒、擦干、擦净，以防生锈污染食物。

二、了解炒锅、上杂、冷菜工作流程

（一）炒锅工作流程

炒锅工作流程如图 2-3-4 所示。

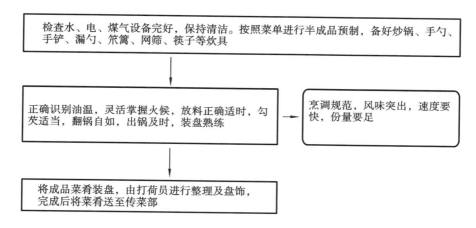

图 2-3-4　炒锅工作流程

（二）打荷工作流程

打荷工作流程如图 2-3-5 所示。

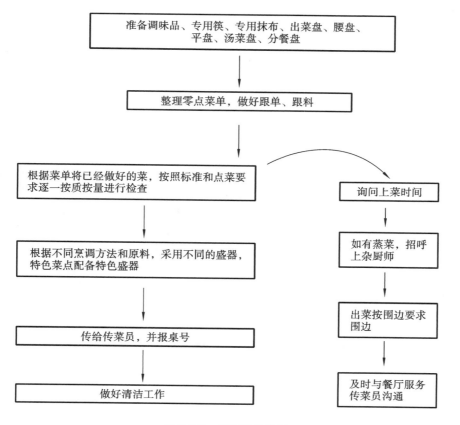

图 2-3-5　打荷工作流程

（三）上杂工作流程

上杂工作流程如图 2-3-6 所示。

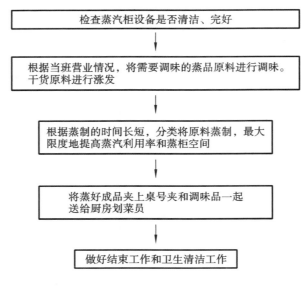

图 2-3-6　上杂工作流程

上杂工作注意事项如下。

（1）干货涨发原料，蒸制前需浸泡回软。

（2）注意各种海产品不同蒸制时间，以防蒸老。

（3）适当控制蒸汽阀门大小。

（四）冷菜工作流程

冷菜工作流程如图 2-3-7 所示。

冷菜工作流程注意事项如下。

（1）冷盆要求新鲜、时令，隔顿、隔夜菜必须回烧，调制的汁料限当日用，隔日不用。

（2）各类卤汁，不论红卤、白卤，每天由专人负责，经烧过后待用。

（3）食品原料切配应节约用料，正料正用，次料次用，边角料综合利用。冷盆余料应分类、集中储藏于冰箱。各种冷盆存放专用冰箱，并加保鲜纸，生熟分开。

（4）冷菜间要保持清洁卫生，要注意个人卫生。

（5）冷菜和刀具要定期消毒，下班后打开紫外线灯杀灭细菌。

三、面点工作流程

面点工作流程如图 2-3-8 所示。

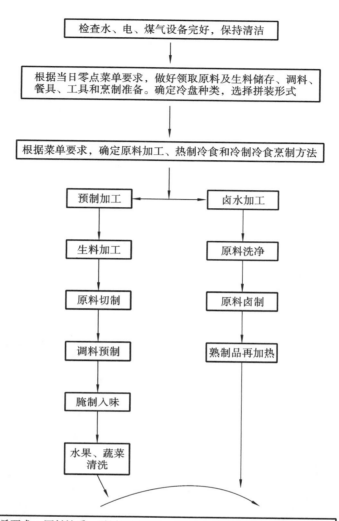

图 2-3-7 冷菜工作流程

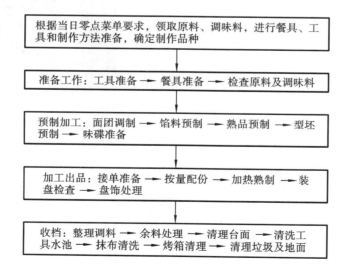

图 2-3-8 面点工作流程

【任务评价】

见表 2-3-1。

表 2-3-1　"熟悉厨房工作流程"任务评价

评价内容	评价标准	分值/分	得分/分
任务完成情况	简要叙述水台、砧板工作流程	2	
	简要叙述炒锅、打荷、上杂工作流程	3	
合计			

在线答题

2-3-1

【实践活动】

小组合作完成炒锅、打荷、上杂工作流程图。

【知识链接】

海底捞"无人餐厅"：人工智能时代已来，未来已来！

海底捞花 1 亿元开了间智慧餐厅！

海底捞在北京花 1 亿元开了间智慧餐厅，机器人传菜员和收桌员穿梭服务（图 2-3-9），节省了 30 位服务员的人力成本，这样的智慧餐厅会不会淘汰大部分服务员呢？

机器人服务来了

位于北京中骏·世界城 E 座 B1 层的海底捞智慧餐厅，开始对外试营业，每天 11：00—14：00 和 16：00—21：00，提前半小时在现场和网络放号。由于网络抢号难度很大，不少消费者在放号前两小时便到达门口排队等候现场放号。

吸引人眼球的是跑来跑去的送菜机器人。配置在海底捞智慧餐厅的服务机器人有两类，一类是花生送菜机器人，另一类是花生收台机器人。消费者比较常见到的是前者。

图 2-3-9　机器人服务员（一）

电脑送菜机

这些机器人身上，融合了激光雷达、深度视觉、机器人视觉三种导航技术，会前进、转弯、识别障碍物。遇到障碍物（人、椅子等），机器人会通过微调前进方向、后退再前进等方式躲避。如果躲无可躲，机器人会停下来，发出提前设置好的警告音"亲，麻烦让一让吧。"机器人把菜送到指定桌号附近后会自动停下来，由负责服务的工作人员过来上菜。工作人员上完菜后，在控制平板上

Note

按一下完成,机器人就会自动返回厨房。

　　目前花生送餐机器人(图 2-3-10)在海底捞运行,每天每台传送 150 次,运送近 300 个托盘,比传菜员的运动量更大,且一台机器人只需要 99 元/天,相当于餐厅人工成本的一半。人工智能时代的到来,意味着很多工作将被机器取代,也就意味着我们的职场会发生着天翻地覆的变化。

图 **2-3-10**　机器人服务员(二)

任务四

认识中央厨房

扫码看课件

【任务描述】

张师傅要求李宇利用网络搜集中央厨房的相关知识,并结合自己的专业学习,全面了解中央厨房的生产流程及运作模式(图2-4-1)。

【学习目标】

(1)了解中央厨房的概念、特点、功能。

(2)能说出中央厨房的生产与配送运营流程。

(3)培养学生具有现代化厨房的工作理念。

【任务学习过程】

一、中央厨房的产生及特点

(一)中央厨房的产生及发展趋势

"中央厨房"这一概念来源于餐饮业,是工业标准化机械生产在餐饮业的具体运用,因为工业标准化机械生产较有利于产品的大批量生产。中央厨房模式是食品加工、低温速冷保鲜、冷链物流和热链保温相匹配的一种产业模式。从发展的规律来看,中央厨房是餐饮业发展的必然选择,是所有工序的完全中央厨房化。中央厨房正从快餐业逐步进入正餐业、火锅业,产业覆盖面不断增大。中央厨房使中餐"标准化生产"成为可能,大大降低了企业运营成本(图2-4-2)。

图 2-4-1　中央厨房操作

图 2-4-2　中央厨房

(二)中央厨房的特点

❶ **标准化特点**　标准化是中央厨房的显著特征。在不同的餐饮企业,中央厨房的标准化程度各不相同,有完全标准化、部分标准化、局部标准化等。如飞机和高铁上供应给客人的饭菜属于完全标准化。中式快餐、小吃、面点等餐饮业属于部分标准化。

❷ **集约化特点**　大规模集中化生产是中央厨房最大的特点。快餐业可做到全部在中央厨

Note

房生产,然后直接配送到顾客手中。其他餐饮企业,中央厨房主要是完成大部分或一部分加工工作,然后分送到各门店进行再次加工。

❸ **专业化特点** 中央厨房可将餐饮企业原来分散餐厅的一些设施、设备、人员等,通过流程分解,集中到中央厨房(图 2-4-3)统一管理、运作和生产,有利于优化资源配置,降低能源损耗,也能使企业生产易于组织和管理,产生更大的生产效益和规模效应。

图 2-4-3 中央厨房生产

二、中央厨房的主要功能

❶ **集中采购功能** 中央厨房汇集各连锁门店提供的要货计划后,结合中心库和市场供应部制定采购计划,统一向市场采购原辅材料。

❷ **生产加工功能** 中央厨房要按照统一的品种规格和质量要求,将大批量采购来的原辅材料加工成成品或半成品。

❸ **检验功能** 对采购的原辅材料和制成的成品或半成品进行质量检验,做到不合格原辅材料不进入生产加工过程,不合格的成品或半成品不出中央厨房。

❹ **统一包装功能** 在中央厨房内,根据连锁企业共同包装形象的要求,对各种成品或半成品进行一定程度的统一包装。

❺ **冷冻储藏功能** 中央厨房需配有冷冻储藏设备,一是储藏加工前的原辅材料,二是储藏生产包装完毕但尚未送到连锁店的成品或半成品。

❻ **运输功能** 中央厨房要配备运输车辆,根据各连锁门店提供的要货计划,按时按量将产品送到各连锁门店。

❼ **信息处理功能** 中央厨房与各连锁门店之间有电脑网络,以便及时了解各连锁门店的要货计划,根据计划来组织各类产品的生产加工。

三、中央厨房的生产与配送流程

中央厨房的操作流程一般包括采购流程、加工流程和配送流程,只有保证这几个流程的相互配合和衔接,才能保证整个中央厨房的生产与配送流程顺畅进行(图 2-4-4)。

图 2-4-4 中央厨房的生产与配送

（一）中央厨房采购流程

采购进货是餐饮产品生产过程的第一个环节，也是成本性的第一个环节。由于产品原料种类繁多、季节性强、品质差异大，其中进货质量又直接与原料的净料率有关，所以采购进货对降低餐饮产品成本影响大。厨务人员应按照一定的采购要求科学地进行采购进货，如品种正确、质量优良、价格合理、数量适当、到货准时、凭证齐全等。中央厨房采购流程见图 2-4-5。

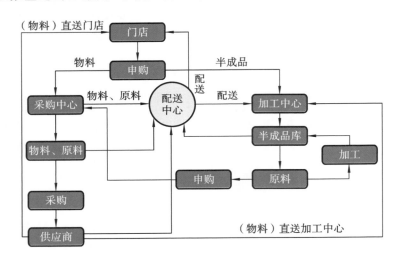

图 2-4-5　中央厨房采购流程

（二）中央厨房加工流程

中央厨房的生产线流程主要包括加工、配制、烹调三个方面。

❶ **原料加工**　可分为粗加工（动物宰杀等）、精加工、干货涨发等。加工过程的控制，要对加工数量进行控制，对加工出净率进行控制。加工出不同档次的净料交给发货员验收，登记入账后发给各位使用者。凡不符合要求的原料，均不得进入下一道工序，处理后另作他用（图 2-4-6）。

❷ **用料配制**　可分为热菜配制、冷菜配制。配

图 2-4-6　中央厨房采购流程

制过程控制是食品成本控制的核心，杜绝失误、重复、遗漏、错配、多配，是保证质量的重要环节。称量控制应按标准菜谱、用餐人数进行称量，避免原料的浪费。

❸ **菜肴烹调**　可分为热菜制作、冷菜制作、打荷制作、面点制作。烹调过程的控制是确保菜肴质量的关键，因此要从厨师烹调的操作规范、出菜速度、成菜温度、销售数量等方面加强监控，严格督导厨师按标准规范操作。

（三）中央厨房配送流程

中央厨房主要配送流程分六步：总部中央厨房订单接收、汇总及流程处理→上传订单→总部接收→订单安排配货→审核出库→门店收货。

 Note

【任务评价】

见表 2-4-1。

表 2-4-1 "认识中央厨房"任务评价

评价内容	评价标准	分值/分	得分/分
任务完成情况	能简述中央厨房的功能	2	
	能说出中央厨房的生产与配送流程	3	
合计			

【实践活动】

收集资料,设计一个中式快餐店中央厨房生产与配送流程。

【知识链接】

在线答题

2-4-1

从中央厨房到餐桌,眉州小笼包的成长之路

若干年前在北京开启第一家眉州东坡酒楼到现在,眉州东坡已经从一家小酒楼发展成为旗下拥有眉州东坡酒楼、眉州小吃、王家渡火锅 3 个子品牌,海内外共有 135 家分店的大型餐饮集团。作为一个如此庞大的餐饮集团,眉州东坡从开业之初就创立了自己的中央厨房,有一套成熟的运营体系。

从 1996 年开业至今,中央厨房经过了三次更新换代,主要分为仓储区域、生产区域、信息处理区域、检测区域和办公区域,不仅需要各种机械化的加工设备,比如蔬菜的处理、肉类的加工,还需要较大的人力来负责。

第一代配送中心(1999—2002 年)在朝阳区农林局组建总库房,也就是配送中心的前身,2000 年搬迁至朝阳区十八里店,初步实现了部分物资集中采购、统一配送到门店的模式。彼时的眉州东坡配送中心只生产几十种食物,主要以小吃为主,专门制作各类面点,这里也就是小笼包的初代诞生地,还包括眉州饼、黄金饼、馒头、叶儿粑、冻糕、红糖锅盔等。

第二代物流中心(2002—2011 年)搬迁至眉州东坡集团总部,升级为物流中心,成立了验货部,负责配送商品的质量验收,并在 2007 年成立专业化验室,用科学检测的方法来保证食品安全。小笼包所在的面点小吃大家庭是物流中心最主要的组成不分,此时已经具有大规模生产。

第三代物流中央厨房(2012 年至今)引进先进机械设备的物流中央厨房在 2012 年 3 月正式启用,实现集申购、验收、仓储、加工、配送为一体的现代化中央厨房。中式小吃仍然是核心产品,并提出了"模拟手工国标生产"的概念,小笼包的制作更加标准化。

中式餐点品质难以控制众所周知,为此,从包子外形到原料的选择和处理,眉州东坡对细节要求几近苛刻,既要做到标准化生产,又不会为了效率而放弃对味道和口感的高标准。包子小组每天制作 35000 个包子,由 17 个工人手工包成。曾经为了增加产量,眉州东坡从日本买了一套

Note

价值 70 多万的包子机,每天的生产量相当于 30 个工人,但做出来的包子口味不好,最终被舍弃。用眉州东坡集团总裁梁棣的话说:"机器做出来的包子没有'人味儿',我们可以依靠设备去解决保鲜冷冻的问题,但制作工艺还是靠人。"

为避免做出的包子大小不一,中央厨房要求制作包子时,师傅要严格遵循面团和馅料的重量指标:每个包子都要先在电子秤上称重,包子皮和馅料总重为 45 克,大小均匀,外观一致。

中央厨房是生熟分开,洁净区和自洁净区分开。眉州东坡特别配备了一种通过式的蒸箱连接生熟两区。以小笼包为例:在生产车间制作完成之后,码放在蒸车内推到蒸箱之中,把门密封上蒸一个小时,再打开熟区的门把蒸箱拉出去。员工不会在生区和熟区串联走动。

包子从蒸箱出来后会先预冷,再进行-35 ℃急冻,包装之后送入-18 ℃的冷库中保存。从中央厨房到餐厅,全程冷链车配送,产品的中心温度是-8 ℃,车厢的温度为-10 ℃,到达餐厅之后,直接卸货进入后厨的冷藏区。

食品安全是连锁餐饮的命脉,一切都要防患于未然。统一采购、统一验收、统一制作、统一配送……"统一"是中央厨房的核心。在这些"统一"之上,把食品安全的隐患降低为零,让菜品口味更加稳定、标准,是未来餐饮品牌必须做到的重要使命。

Note

任务五

牢记厨房安全责任

扫码看课件

【任务描述】

　　厨房安全是厨房工作的重中之重,张师傅安排李宇到厨房参观,让其多听、多看,要求李宇对厨房安全有一个全面的了解,提高其安全意识,掌握必要的安全操作知识。

【学习目标】

　　(1) 了解厨房的常规操作安全事项。

　　(2) 预防厨房安全事故的发生。

　　(3) 重视厨房消防安全,培养厨房安全责任意识。

【任务学习过程】

　　厨房安全是现代餐饮企业管理的重要组成部分,是关系到企业经济效益、企业声誉、顾客及操作人员人身安全的重要工作。

一、了解厨房的常规操作安全

　　厨房常规操作安全是厨师行业沿袭下来的、为保障厨房安全及厨师自身安全而设立的规章制度,主要包括刀具使用安全、油锅操作安全、用电安全及燃气使用安全等。

　　(一)刀具使用安全

　　厨房生产需要有斩刀、批刀、尖刀等各种刀具,刀是厨房生产的工具,使用不当,会对厨师自身及他人人身造成伤害。

　　(1) 刀具使用完毕放入刀箱刀架,并加锁。

　　(2) 工作时,不能持刀游戏玩耍,不能拿刀口对人。

　　(3) 手拿刀具时,手心紧握刀背,并将手紧贴于身体的侧前方。

　　(4) 持刀工作时,注意力集中,刀法运用正确,操作熟练,砧板整洁不滑。

　　(5) 刀具不慎滑落,不要用手接或挡。

　　(二)油锅操作安全

　　油是易燃物品,操作油锅时一定要注意以下事项。

　　(1) 厨师在油锅加热时不能离开岗位。

　　(2) 容器盛装热油不超过五成满,端起时要垫布操作,不用手柄松动的锅和手勺。

（3）油锅加热过程中，要控制好油温。

（4）起泡的老油应及时换掉。

（三）用电安全

（1）清洗电器设备时，必须断电。

（2）突发断电时，厨房员工不得随意触碰设备。

（3）清洗厨房设备时，不要将水喷洒到电源插座和开关上。

（4）下班时关闭所有电灯、排气扇、电烤箱等电器设备。

（四）燃气使用安全

（1）点火时使用专用点火棒，不用纸张等易燃物引火。

（2）点火时，坚持"火等气"原则，即先打开燃气总阀，再将点燃的点火棒凑近火眼，最后拧开灶具开关点燃灶具。

（3）不往炉灶火眼内倒各种废弃物，防止堵塞火眼。

（4）各种液化气灶具开关必须用手开闭，不得用其他器皿敲击开闭。

（5）灶具使用完毕，立即将供气开关关闭。

二、中餐厨房的管理制度

（一）冷菜厨房管理制度

冷菜厨房（图 2-5-1）是冷菜的切配和装盘的专用场所，不得加工其他餐饮食品和存放与冷菜无关的物品。冷菜间所使用的砧板、刀具和容器等严禁同其他部门混用。每次在冷菜间进行操作前，冷菜厨师应开启紫外线杀菌灯半小时进行空气消毒，同时根据当日气温开启空调，保持室内温度在 25 ℃以下，并做好相关记录。进入冷菜间操作的人员必须二次更衣，洗手消毒，并戴上口罩和工作帽，口、鼻和头发不得外露。非冷菜操作人员未经同意不准进入冷菜操作间。冷菜间厨师在切配操作前，应对已清洗干净的工作台面、砧板、刀具和容器等用有效氯浓度 250 mg/L以上的氯制剂擦拭，氯制剂保持作用时间 5 分钟以上。已经冷藏过的熟食品，在取用时应先进行微波炉加热（冷藏时间在 6 小时以内）或回锅煮烧（冷藏时间在 6 小时以上）后才能进行切配或供食用。冷菜间每次工作结束后，所使用的工作台面和器具均应洗刷干净，抹布则应放入有效氯浓度 250 mg/L 以上的氯制剂中浸泡 2 小时以上才能清洗、晾干，并及时清扫水池和地面，不留卫生死角。冷菜间的内墙面、玻璃窗和纱窗等设施每周至少进行一次洗刷清洁，以保持良好的工作环境。

图 2-5-1　冷菜厨房

Note

（二）热菜厨房管理制度

厨师必须按时上班，实行签到制度；进入厨房必须按规定着装，佩戴工牌，保持仪容、仪表整洁，洗手后上岗工作。服从上级领导安排，认真按规定要求完成各项任务。工作时间不得擅自离岗、串岗，不得干与工作无关的事。不得在厨房区域内追逐、嬉闹、吸烟，不得做有碍厨房生产和厨房卫生的事。自觉维护保养厨房设备和用具，随时保持工作岗位及卫生责任区域的清洁。热菜厨房（图2-5-2）是菜品加工场所，未经厨师长批准，不得擅自带人进入。根据工作需要，厨师长安排各岗位人员值班。当班人员必须提前到达工作岗位，保证准时上岗，不得迟到早退。值班人员应自觉完成交代工作；工作时间不得擅离工作岗位，不得做与工作无关的事情。妥善处理、保藏剩余食品及原料，做好清洁卫生工作。值班人员下班时要及时关闭水、电、煤气，做好检查工作，消除安全隐患。

图 2-5-2 热菜厨房

（三）面点厨房管理制度

厨师进入面点厨房（图2-5-3）时必须穿戴工作服和工作帽。非面点操作人员未经同意不准进入。在制作面点前，操作人员应对工作台面、器具、容器、和面机等加工设备进行使用前的清洗。面点厨师应熟练掌握各种点心的不同烹饪温度和时间要求，使食品内部的中心温度达到70℃以上，确保烤熟煮透。在蒸、煎、油炸带馅的点心时，应特别注意加热程度，防止出现"里生外熟"现象。检查点心的生熟程度时，应采用洁净的探棒进行按、压和翻检。如需要进一步验证烹调后的面点的加工质量，应用公筷、公勺进行取样品尝，严禁用手或私筷、私勺直接测试和取样品尝。厨师加工剩余的原料或制作好的面点应放入冰箱内冷藏保存，生熟分开放置，存放时间不得超过12小时，冷藏温度应控制在10℃以下。再次取用时必须彻底加热，严禁将新制作的面点与剩品掺杂使用。面点间每次工作结束后，所使用的工作台面和加工设备等均应洗刷干净，抹布清洗后放入蒸锅内进行高温消毒半小时后晾干。同时清扫水池和地面，不留食物残渣和卫生死角。面点间的内墙面、玻璃窗和纱窗等设施每周至少清洁一次，以保持良好的工作环境。

图 2-5-3   面点厨房

四、消防安全

厨房员工上岗前必须经过消防安全培训，合格后才能上岗，全体员工必须做到人人懂消防、人人会用消防器材和重视消防安全工作（图 2-5-4）。各领班应严格进行日常消防设备器材的检查与保养工作，责任落实到具体岗位，以保证使用正常。各厨房全面负责安全的管理人员要定期检查和更换消防器材。做好"预防为主"的方针，杜绝火灾因素，下班时认真检查水、电、气开关的完好情况，负责落实到具体人员。厨师长、领班应把消防安全工作列为日常重点工作，督导员工做好消防安全工作。定期组织和积极参加酒店安全部组织的消防培训活动，丰富员工的消防知识，提高应变能力，增强消防意识。

厨房消防安全

电器厨具要按说明书操作使用，并且经常检查线路是否完好无损，如发现老化或破旧要及时更换，防止因电线电器陈旧老化而发生火灾。

图 2-5-4   厨房警示语

Note

厨房人工灭火一般使用干粉灭火器。干粉灭火剂主要通过在加压气体作用下喷出的粉雾与火焰接触,通过物理、化学作用灭火。手提式干粉灭火器的操作方法如下。

（1）一只手提灭火器的提把,另一只手托灭火器底部,上下颠倒几次,使灭火器筒内的干粉松动。

（2）在距离起火点5米左右处放下灭火器(如果着火点有风,应占据上风方向)。

（3）拔下保险销,一只手握住喷嘴,另一只手用力按下压把,干粉便会从喷嘴中喷射出来。

（4）如果引起火灾的介质为流散液体,扑救时应从火焰侧面对准火焰根部喷射,并由近而远,左右扫射,快速推进,直至把火全部扑灭。

（5）如果引起火灾的介质为容器内可燃液体,扑救时应从火焰侧面对准火焰根部,左右扫射。当火焰被赶出容器时,应迅速向前,将余火全部扑灭。

（6）如果引起火灾的介质为固体物质,扑救时应使灭火器嘴对准燃烧最猛烈处,左右扫射,并应尽量使干粉灭火剂均匀地喷洒在燃烧物的表面,直至把火全部扑灭。

【任务评价】

见表2-5-1。

表2-5-1　"牢记厨房安全责任"任务评价

评价内容	评价标准	分值/分	得分/分
任务完成情况	正确描述厨房常规安全的主要内容	3	
	准确指出一条日常操作中的安全隐患	2	
合计			

【实践活动】

练习手提式灭火器的使用。

【知识链接】

在线答题
2-5-1

厨房安全与卫生管理

一、厨房法制与安全

厨师应加强法制观念,认真执行《关于加强社会治安综合治理的决定》和《条例》。增强安全工作责任感,树立道德感,积极配合支持政法部门和酒店做好法制安全工作。厨房员工应提高警惕性,维护部门的良好秩序,全体厨房员工应自觉不在工作时会客,对出入工作场所的闲杂人员要主动问清事由,严禁进入厨房,发现可疑情况要及时向上级领导反映,杜绝不安全事故的发生。重视防盗、消毒工作,下班离开前检查并锁好门窗,认真做好集体财产、物品保管,防止出现恶性事故。全体员工应自觉提高思想意识,遵纪守法和重视安全工作,维护社会环境的安定和酒店内部的良好秩序（图2-5-5）。

二、厨房卫生管理制度

为了加强厨房卫生的全面管理工作,保证食品卫生,防止食品污染和有害因素对人体的危害,保障宾客的身体健康,增强体质,根据《食品卫生法》和《公共场所卫生管理条例》,特制定以下

图 2-5-5　厨房管理制度

各项制度,全体员工必须遵照执行。

(一) 个人卫生制度

餐饮作业人员必须健康检查合格,各项卫生法规培训合格后才能上岗。凡患"五病"(痢疾、伤寒、病毒性肝炎、活动性肺结核、化脓性或渗出性皮肤病)和其他有碍食品卫生的疾病,均不得从事食品制作或接触食品的工作。全体人员必须做好个人"四勤"(勤洗手、剪指甲,勤洗澡、理发,勤洗衣服、被褥,勤换工作服)卫生。合格后才能上岗。操作必须随时保持个人清洁卫生及仪表仪容整洁,符合标准。

(二) 食品卫生制度

确保食品原料使用安全。食品加工制作的工具、用具、盛具、设备使用前必须进行严格的清洁、消毒工作。加工制作时必须对原料进行严格检查,冲洗、浸泡消毒、漂洗,保证食品卫生。生、熟原料加工场所必须严格分开,盛具专用。外购食品做好各项验收工作,合格后才能制作和出售。已加工或已成品的食品必须做好保洁工作,防止污染。

(三) 环境卫生制度

厨房加工间及环境卫生要做到无蛛网、无灰尘、无变质原料、无变质腐败食品。工作台、水池及各种设施设备清洁明亮。地面、墙壁、天花板、天窗玻璃干净清洁,无废弃物,无油腻。货架、冰柜内的物料,成品按类分开,堆放整齐。潲水桶平时加盖,保持外部清洁,满后及时运走,并将内外冲洗干净,以免招引蝇虫,造成食品污染。各厨房应制定日常卫生、计划卫生的工作安排,并严格执行。对各厨房实行卫生目标责任制。下班前必须保证各自负责区域达到卫生标准后方能下班(图 2-5-6)。

图 2-5-6　厨房卫生管理制度

Note

任务六

预防食品污染

扫码看课件

【任务描述】

张师傅要求李宇了解食物污染的途径,掌握预防食品污染的有效措施,在工作中加以应用。

【学习目标】

(1)了解食品污染的途径及危害。

(2)掌握预防食品污染的有效途径。

(3)树立食品安全意识。

【任务学习过程】

预防食品污染关系到食品安全,而食品安全是事关每个家庭、每个人的重大基本民生问题。党和国家十分重视食品安全,先后颁布了《中华人民共和国食品安全法》《中华人民共和国食品安全法实施条例》,开展了一系列食品安全专项治理和整顿。餐饮企业的员工是直接接触食品烹调和加工工作的一线人员,食品安全意识的强弱,直接关系整个企业的发展。因此,食品安全知识的学习尤为重要。

一、我国食品安全现状

近年来,危害人民身体健康甚至危及生命的食品安全方面的重大事件频频发生,其数量和危害程度呈日益上升趋势。

(1)2011年5月,江西省××市工商局执法人员在××市××综合批发市场对经营户严某销售的红星牌和盛丰牌腐竹进行抽检,结果发现送检腐竹含有非食品原料吊白块,且严重超标。5月13日,××市公安局治安支队将经营户严某刑事拘留。严某供认,他销售的腐竹是从福建省××县××镇的两个豆制品厂购买的,现已销售1600余袋。随后,警方又远赴福建,将生产"吊白块腐竹"的陈氏兄弟和廖某等人抓获。经初步查证,该案涉案金额达50余万元,"吊白块腐竹"主要销售到江西、浙江等七省市。

(2)2006年11月12日央视《每周质量报告》报道:苏丹红造出"红心"鸭蛋。记者在北京市几家较大的禽蛋交易市场发现,一些摊主打着白洋淀"红心"鸭蛋的招牌招揽顾客。2006年11月15日,卫生部(今卫计委)下发通知,要求各地紧急查处"红心"鸭蛋。

(3)2007年12月,河北省石家庄市三鹿集团公司陆续接到消费者关于婴幼儿食用三鹿牌奶粉出现疾病的投诉。经企业检验,2008 年 6 月份已发现奶粉非蛋白氮含量异常,后确定其产品中含有三聚氰胺,但并未采取积极的补救措施,导致事态进一步扩大,造成了不可挽回的严重后果,后有关责任人均受到法律的制裁。

（4）2007 年年初,河南刘××与奚××约定共同投资、研制、生产、销售盐酸克伦特罗(瘦肉精)用于生猪饲养,二人在明知国家禁止使用盐酸克伦特罗饲养生猪的情况下,为攫取暴利,不惜损坏消费者的身体健康,后两人均被判刑。

（5）2011 年 9 月,公安部统一指挥浙江、山东、河南等地公安机关,破获了一起利用地沟油制售食用油的特大案件,摧毁了涉及 14 个省的"地沟油"犯罪网络,捣毁生产销售"黑工厂""黑窝点"6 个,抓获柳××、袁××等 32 名主要犯罪嫌疑人。

二、食品污染的危害

食品污染是指危害人体健康的有害物质进入食品的现象。人类依赖食品得以生存,但是食品从种植到收获,从生产加工到储存销售,各个环节都可能存在某些不利因素,使污染物进入食品,导致食品污染。因此,了解食品污染种类,掌握预防食品污染的有效途径具有重要意义。

（一）污染物的种类

根据污染物的性质,可将污染物概括为以下三大类。

❶ 生物性污染

（1）微生物污染:如细菌及其毒素的污染,真菌及其毒素的污染。

（2）寄生虫及虫卵的污染:如蛔虫、绦虫、旋毛虫等的污染。

（3）昆虫污染:如粮食中的甲虫类蛾类、螨类等,肉、鱼、酱、咸菜中的蛆蝇等,某些干果、糖果中的害虫等的污染。

❷ 化学性污染

（1）工业"三废"污染,如汞、镉、铅、砷等造成的污染。

（2）农药残留污染,如有机磷、有机氯除虫菊酯等造成的污染。

（3）食品添加剂使用不当造成的污染。

（4）食品容器、包装材料污染,如铅、工业色素等造成的污染。

（5）食品加工过程污染,如亚硝酸盐、苯并芘等造成的污染。

❸ 放射性污染　　放射性物质造成的污染。

（二）食品污染的危害

❶ 急性中毒　　食用被污染食物后,短时间内发生食物中毒的现象,如沙门菌引起的食物中毒。

❷ 慢性中毒　　长期(1 年以上)摄入含少量污染物的食品引起的中毒。如食用农药残留量较高的粮食数月后出现的中毒现象。

❸ 遗传毒性　　如某些农药可影响正常妊娠,或使骨髓细胞增殖加快而患白血病。

④ **致畸作用** 真菌毒素如棕曲霉毒素、T-2 毒素黄曲霉毒素等对实验动物有致畸作用。

⑤ **致癌作用** 过量使用发色剂(亚硝酸盐类)对肉类进行加工处理,在食品中可产生致癌物。

三、预防食品污染的有效途径

在厨房工作中,预防食品污染主要指预防生物性污染,而化学污染和放射性污染一般是指食品原料在种植和运输过程中需注意防范的污染。预防生物性污染,可从消除和减少微生物的污染、抑制微生物的繁殖入手,切实采取有效措施预防食品污染。

(一)严格遵守食品卫生法律,按卫生程序进行

对食品进行加工时,要严格遵守食品卫生法律,在生产加工、销售等过程中严格按照卫生程序进行,即生熟分开、食具消毒、食品检查,讲究个人卫生,定期进行健康检查等。

(二)根据食品原料的特点,采取合理的储存措施防止食品腐败变质

① **低温储存** 低温可以有效抑制微生物的繁殖作用,降低食品中酶的活性和化学反应的速度。食品冷藏是预冷后的食品在稍高于冰点温度中进行储存的方法,冷藏温度一般为 $-159 \sim -2$ ℃,最常用温度是 $4 \sim 8$ ℃。而食品冷冻常用温度为 $-23 \sim -12$ ℃,以 -18 ℃较为适宜。低温储存只能将食物中微生物的繁殖和酶的活性加以控制,使营养素的分解变慢,但不能杀灭微生物,也不能将酶破坏,而且仍然有一些耐低温的微生物存活,所以低温储存有一定的期限,要及时清理,过保质期或已发生腐败变质的原料不能使用。

② **高温灭菌后常温储存** 食品经高温熟制后,能杀灭其中的大部分微生物,同时破坏食品中酶的活性。如配合密封、真空、迅速冷却,可达长期保存的目的。在肉制品加工中,高温灭菌一般采用的温度为 $110 \sim 121$ ℃,灭菌时间为 $20 \sim 30$ 分钟,可杀灭繁殖细胞和芽胞型细菌。

③ **盐腌或糖渍** 盐腌或糖渍的目的都是通过高渗溶液来抑制微生物繁殖。一般用盐腌制,食盐含量在 $8\% \sim 10\%$ 时,可停止大部分微生物的繁殖,杀灭微生物则要浓度达到 $15\% \sim 20\%$。糖渍的浓度一般在 $60\% \sim 65\%$,可抑制微生物繁殖。

④ **干燥与脱水** 粮食、干果、干菜的储存宜采用干燥或脱水的方法,使微生物的活性降低。

四、科学认识食品添加剂和转基因食品

(一)食品添加剂

① **食品添加剂** 为改善食品品质和色、香、味,或为防腐、保鲜和加工工艺的需要而加入食品中的人工合成物质或者天然的物质(图 2-6-1,图 2-6-2)。

② **食品添加剂的安全性** 食品添加剂投产前都要进行风险评估。我国对食品添加剂的管理非常严格。当前,一些人把非法添加物(如苏丹红、孔雀石绿)误认为是食品添加剂,引起对食品安全的恐慌。

③ **食品添加剂的贡献** 现代食品加工行业有一句非常流行的话,就是"没有食品添加剂就没有现代食品工业"。可见食品添加剂对于推动食品工业发展有着十分重要的作用。如:把不含

图 2-6-1　食品增稠剂

图 2-6-2　食品着色剂

蔗糖的甜味剂加入糖尿病患者食用的食品中,既无害又能满足糖尿病患者的口感需求;饮料中通常会用乳化剂来避免分层;为控制食品中滋生微生物,防止食品变质,要添加防腐剂;营养强化剂可以增加食品的营养含量,满足消费者的不同需求。当然,过多摄取添加剂,对人体健康是无益的。

（二）转基因食品

❶ **转基因食品**　转基因食品是指将某种生物中含有遗传信息的 DNA 片段转入另一种生物中,经过基因重组,使这种遗传信息在另一种生物中得到表达。

❷ **转基因食品特征**

（1）具有食品的特征。

（2）产品的基因构成发生了改变并存在外源 DNA。

（3）食品的成分中存在外源 DNA 的表达产物及其生物活性。

（4）具有基因工程所设计的性状和功能。

❸ **转基因食品的安全性**　转基因食品的发现为解决世界食物资源不足的问题提供了广阔的前景,然而其安全性问题仍然是人们担心的焦点。美国是全球最大的转基因食品生产国,它所生产的大豆 90％以上是转基因产品,马铃薯、小麦、玉米等都有转基因产品。而欧盟对转基因食品的生产和销售则持非常慎重的态度,1997 年通过《新食品规程》,规定欧盟成员国对上市的转基因产品进行标志;2001 年又规定凡含有 0.9％以上转基因 DNA 或蛋白质的农作物或食品,在市场销售时,必须有"GMO"字样的标签;2003 年,欧盟出台了《转基因生物追溯性及标志办法以及含转基因生物物质的食品及饲料产品的追溯性管理条例》;2004 年进一步提出,食品中的任何成分、添加剂或食用香料含有超过 1％的转基因原料则需标志,并对标志内容进行了详细规定。我国对转基因食品持宽容态度,但已经立法规定,如果产品中含有转基因成分,应当在包装上加以注明,让消费者拥有知情权。转基因可以自然发生,并非违反自然规律,但从生态环境的角度来说,它对环境的威胁是世界公认的。它的危害,很可能要到几十年甚至更长时间才能充分表现出来。

Note

【任务评价】

见表 2-6-1。

表 2-6-1 "预防食品污染"任务评价

评价内容	评价标准	分值/分	得分/分
任务完成情况	准确叙述食品污染的种类	2	
	准确叙述防治食品污染的有效措施	3	
合计			

在线答题
2-6-1

【实践活动】

查询后列出厨房工作中避免食品污染的有效措施。

【知识链接】

《食品安全法》(2018 年修正)摘要

一、重视食品安全法律法规，以及食品安全标准和知识的宣传教育

第九条 食品行业协会应当加强行业自律，按照章程建立健全行业规范和奖惩机制，提供食品安全信息、技术等服务，引导和督促食品生产经营者依法生产经营，推动行业诚信建设，宣传、普及食品安全知识。消费者协会和其他消费者组织对违反本法规定，损害消费者合法权益的行为，依法进行社会监督。

第十条 各级人民政府应当加强食品安全的宣传教育，普及食品安全知识，鼓励社会组织、基层群众性自治组织、食品生产经营者开展食品安全法律、法规以及食品安全标准和知识的普及工作，倡导健康的饮食方式，增强消费者食品安全意识和自我保护能力。新闻媒体应当开展食品安全法律、法规以及食品安全标准和知识的公益宣传，并对食品安全违法行为进行舆论监督。有关食品安全的宣传报道应当真实、公正。

二、鼓励举报食品安全违法行为

第十二条 任何组织或者个人有权举报食品安全违法行为，依法向有关部门了解食品安全信息，对食品安全监督管理工作提出意见和建议。

三、使用食品添加剂要慎重

第四十条 食品添加剂应当在技术上确有必要且经过风险评估证明安全可靠，方可列入允许使用的范围；有关食品安全国家标准应当根据技术必要性和食品安全风险评估结果及时修订。食品生产经营者应当按照食品安全国家标准使用食品添加剂。

四、食品广告要真实，保健功能要有科学依据

第七十三条 食品广告的内容应当真实合法，不得含有虚假内容，不得涉及疾病预防、治疗

Note

功能。食品生产经营者对食品广告内容的真实性、合法性负责。县级以上人民政府食品安全监督管理部门和其他有关部门以及食品检验机构、食品行业协会不得以广告或者其他形式向消费者推荐食品。消费者组织不得以收取费用或者其他牟取利益的方式向消费者推荐食品。

第七十五条　保健食品声称保健功能，应当具有科学依据，不得对人体产生急性、亚急性或者慢性危害。保健食品原料目录和允许保健食品声称的保健功能目录，由国务院食品安全监督管理部门会同国务院卫生行政部门、国家中医药管理部门制定、调整并公布。保健食品原料目录应当包括原料名称、用量及其对应的功效；列入保健食品原料目录的原料只能用于保健食品生产，不得用于其他食品生产。

第七十九条　保健食品广告除应当符合本法第七十三条第一款的规定外，还应当声明"本品不能代替药物"；其内容应当经生产企业所在地省、自治区、直辖市人民政府食品安全监督管理部门审查批准，取得保健食品广告批准文件。省、自治区、直辖市人民政府食品安全监督管理部门应当公布并及时更新已经批准的保健食品广告目录以及批准的广告内容。

五、受理投诉、举报实行首问负责制，不得推诿

第一百一十五条　县级以上人民政府食品安全监督管理等部门应当公布本部门的电子邮件地址或者电话，接受咨询、投诉、举报。接到咨询、投诉、举报：对属于本部门职责的，应当受理并在法定期限内及时答复、核实、处理；对不属于本部门职责的，应当移交有权处理的部门并书面通知咨询、投诉、举报人。有权处理的部门应当在法定期限内及时处理，不得推诿。对查证属实的举报，给予举报人奖励。有关部门应当对举报人的信息予以保密，保护举报人的合法权益。举报人举报所在企业的，该企业不得以解除、变更劳动合同或者其他方式对举报人进行打击报复。

六、消费者有权要求销售者赔偿不符合食品安全标准行为造成的损失

第一百四十八条　消费者因不符合食品安全标准的食品受到损害的，可以向经营者要求赔偿损失，也可以向生产者要求赔偿损失。接到消费者赔偿要求的生产经营者，应当实行首负责任制，先行赔付，不得推诿；属于生产者责任的，经营者赔偿后有权向生产者追偿；属于经营者责任的，生产者赔偿后有权向经营者追偿。生产不符合食品安全标准的食品或者经营明知是不符合食品安全标准的食品，消费者除要求赔偿损失外，还可以向生产者或者经营者要求支付价款十倍或者损失三倍的赔偿金；增加赔偿的金额不足一千元的，为一千元。但是，食品的标签、说明书存在不影响食品安全且不会对消费者造成误导的瑕疵的除外。

第一百四十九条　违反本法规定，构成犯罪的，依法追究刑事责任。

禁止非法野
生动物交易

2-6-1

Note

任务七

掌握厨房垃圾分类

扫码看课件

【任务描述】

张师傅要求李宇利用网络搜集垃圾分类的相关知识,并结合自己的专业学习及生活实际,重点了解厨房垃圾分类的原则及方法。

【任务目标】

(1)了解垃圾分类的原因及好处。

(2)学会对生活垃圾进行合理分类,重点掌握厨房垃圾的分类方法。

(3)引导学生树立卫生环保的思想意识。

【任务学习过程】

垃圾分类,是指按一定规定或标准将垃圾分类储存、分类投放和分类搬运,从而转变成公共资源的一系列活动的总称。分类的目的是提高垃圾的资源价值和经济价值,力争物尽其用。

一、垃圾分类的原因及意义

(一)垃圾分类的原因

人类在日常生活中,每天都会产生很多垃圾(图 2-7-1)。在一些垃圾管理较好的地区,大部分垃圾会得到卫生填埋、焚烧、堆肥等无害化处理,而更多地方的垃圾则常常被简易堆放或填埋,导致臭气蔓延,并且污染土壤和地下水体。垃圾无害化处理的费用是非常高的,根据处理方式的不同,处理一吨垃圾的费用为一百元至几百元。人们大量地消耗资源,又大量地产生着垃圾,后果不堪设想。

(二)垃圾分类的意义

垃圾分类是对垃圾收集处置传统方式的改革,是对垃圾进行有效处置的一种科学管理方法。面对日益增多的垃圾造成的环境恶化,如何通过垃圾分类管

图 2-7-1　分类垃圾箱

理,最大限度地实现垃圾资源利用,减少垃圾处置量,改善生存环境质量,是当今世界各国共同关注的迫切问题之一。垃圾分类处理意义重大,主要体现在以下三个方面。

❶ **减少占地**　生活垃圾中有些物质不易降解,使土地受到严重侵蚀。垃圾分类,去掉可以

Note

回收的、不易降解的物质,减少垃圾数量可达 60％以上。

❷ **减少污染**　目前我国的垃圾处理多采用卫生填埋甚至简易填埋的方式,占用上万亩土地,并且虫蝇乱飞,污水四溢,臭气熏天,严重污染环境。废弃的电池含有金属汞、镉等有毒物质,会对人类产生严重的危害;土壤中的废塑料会导致农作物减产;抛弃的废塑料被动物误食,导致动物死亡的事故时有发生。因此回收利用还可以减少危害。

❸ **变废为宝**　中国每年使用塑料快餐盒达 40 亿个,方便面碗 5 亿～7 亿个,一次性筷子数十亿双,这些占生活垃圾的 8％～15％。1 吨废塑料可回炼 600 公斤的柴油。回收 1500 吨废纸,可免于砍伐用于生产 1200 吨纸的林木。1 吨易拉罐熔化后能结成 1 吨很好的铝块,可少采 20 吨铝矿。生活垃圾中有 30％～40％可以回收利用,应珍惜这个小本大利的资源。利用易拉罐制作笔盒,既环保,又节约资源。

二、生活垃圾的分类及处理方法

（一）可回收物

可回收物(图 2-7-2)是指适宜回收利用和资源化利用的生活废弃物,如废纸张、废塑料、废玻璃制品、废金属、废织物等。

可回收物主要包括报纸、纸箱、书本、广告单、塑料瓶、塑料玩具、油桶、酒瓶、玻璃杯、易拉罐、旧铁锅、旧衣服、旧包、旧玩偶、旧数码产品、旧家电。

可回收物投放要求:轻投轻放;清洁干燥、避免污染,废纸尽量平整;立体包装请清空内容物,清洁后压扁投放;有尖锐边角的,应包裹后投放。

图 2-7-2　可回收物

（二）有害垃圾

有害垃圾(图 2-7-3)是指对人体健康或者自然环境造成直接或潜在危害的废弃物。有害垃圾主要包括废电池(充电电池、铅酸电池、镍镉电池、纽扣电池等)、废油漆、消毒剂、荧光灯管、含汞温度计、废药品及其包装物等。

有害垃圾投放要求:投放时请注意轻放;易破损的请连带包装或包裹后轻放;如易挥发,请密封后投放。

图 2-7-3　有害垃圾

（三）厨余垃圾

厨余垃圾(图 2-7-4)是指居民日常生活及食品加工、饮食服务、单位供餐等活动中产生的垃圾。厨余垃圾主要包括丢弃不用的菜叶、剩菜、剩饭、果皮、蛋壳、茶渣、骨头等。

厨余垃圾投放要求:厨余垃圾应当提供给专业化处理单位进行处理;严禁将废弃食用油脂(包括地沟油)加工后作为食用油使用;纯流质的食物垃圾,如牛奶等,应直接倒进下水口;有包装物的厨余垃圾应将包装物去除后分类投放。

图 2-7-4　厨余垃圾

（四）其他垃圾

危害较小，但无再次利用价值，如建筑垃圾类、生活垃圾类等，一般采取填埋、焚烧、卫生分解等方法，部分还可以使用生物解决，如放蚯蚓等。

其他垃圾（图2-7-5）主要包括砖瓦陶瓷、渣土、卫生间废纸、瓷器碎片等难以回收的废弃物。

其他垃圾投放要求：采取卫生填埋可有效减少对地下水、地表水、土壤及空气的污染；难以辨识类别的生活垃圾投入其他垃圾容器内。

图 2-7-5　其他垃圾

三、餐饮业厨房垃圾的分类方法及应对方案

（一）餐饮业厨房垃圾的分类方法

❶ **可回收垃圾**　废纸张、废塑料、废玻璃制品、废金属、废织物等适宜回收、可循环利用的生活废弃物（图2-7-6）。具体包括：酱油瓶、放调料的玻璃罐子、易拉罐、饮料瓶；打印纸、厨打单、纸箱、毛巾、围裙、厨师帽；废弃的工具、餐具、厨具。

图 2-7-6　可回收垃圾

❷ **干垃圾**　除了可回收垃圾、有害垃圾、湿垃圾以外的其他废弃物，还包括餐巾纸、餐盒、破碎的陶瓷、大骨头、贝壳这种不易腐烂的垃圾（图2-7-7）。具体包括：用过的一次性纸杯、餐具；污损的塑料袋、被污染的餐巾纸、厨房用纸、卫生间用纸；保鲜膜、烤盘纸；灰土、大骨头。

投放注意事项：外卖食物，一定要把汤水倒掉，剩余的饭菜投放到湿垃圾中。外卖餐盒、塑料袋属于干垃圾。

图 2-7-7　干垃圾

❸ **湿垃圾**　易腐蚀垃圾，如食材废料、剩菜剩饭、过期食品、瓜皮果核、花卉绿植、中药药渣等易腐的生活废弃物（图2-7-8）。具体包括：蔬菜、瓜果、加工类产品（如罐头）、鱼、碎骨、肉和内脏、剩菜剩饭。

投放注意事项：流质的汤水直接倒入下水道，不要扔到垃圾里面；去除外包装投放，比如瓜子，要把外面的包装袋扔到干垃圾里，只有瓜子才是湿垃圾。

图 2-7-8　湿垃圾

❹ **有害垃圾**　废电池、废灯管、废药品、废油漆及其容器等对人体健康或自然环境造成直接或潜在危害的生活废弃物（图2-7-9）。具体包括：电池、废弃的荧光灯管、废旧灯泡、餐厅装修使用的油漆、废旧电线、药品以及它的包装等；火枪、瓦斯炉用的瓦斯罐。

投放注意事项：在投放时要注意轻投轻放，用后要连外包装一起丢进有害垃圾桶，如果易挥发要密闭投放。

图 2-7-9   有害垃圾

（二）厨房垃圾应对方案

❶ **控制垃圾源头**   垃圾的源头主要是食材,餐饮企业应提前预估食材采购的数量,控制食材成本,在不浪费的同时,保证食材的新鲜。再把那些浪费的食物边角料进行巧妙的搭配组合,物尽其用。这样一来,厨余垃圾自然就少了。

❷ **加强员工知识培训**   餐饮企业应聘请专业人员对员工进行垃圾分类培训,学习相关法律法规及分类方法,并定期考核,来应对垃圾分类挑战,不断提升卫生安全环保意识。

❸ **从餐桌开始干湿分离**   在顾客看得见的用餐环境中,植入环保概念。例如,可以在门店内张贴垃圾分类的宣传页,在角落摆放分类垃圾桶,在纸巾盒、收银台等细微之处贴上环保小标语。

❹ **促进资源循环利用**   厨房中的每件物品都可以单独使用,但是当它们处于一个更大的系统中时,便会产生不一样的效果。节能环保型的厨房配置,会让资源更大程度得以利用。例如,对厨房环境进行改造,充分利用存放空间,减少打扫卫生时间,提高工作效率。

【任务评价】

见表 2-7-1。

表 2-7-1   "掌握厨房垃圾分类"任务评价

评价内容	评价标准	分值/分	得分/分
任务完成情况	能简述生活垃圾的分类方法	2	
	能对厨房垃圾进行正确分类	3	
合计			

在线答题

2-7-1

【实践活动】

结合网络学习和专业学习,制作一个厨房垃圾分类的海报。

【知识链接】

垃圾分类相关法律法规

为深入贯彻习近平总书记关于生活垃圾分类工作的系列重要批示、指示精神,落实《中共中央国务院关于全面加强生态环境保护坚决打好污染防治攻坚战的意见》《国务院办公厅关于转发国家发展改革委住房城乡建设部生活垃圾分类制度实施方案的通知》(国办发〔2017〕26 号)(以下简称《通知》),在各直辖市、省会城市、计划单列市等 46 个重点城市(以下简称 46 个重点城市)先行先试基础上,决定自 2019 年起在全国地级及以上城市全面启动生活垃圾分类工作。《通知》

Note

要求,到 2020 年底,先行先试的 46 个重点城市,要基本建成垃圾分类处理系统,2025 年前,全国地级及以上城市要基本建成垃圾分类处理系统。46 个重点城市由国办发 26 号文确定,即各直辖市、省会城市、计划单列市等。包括北京、天津、上海、重庆、石家庄、邯郸、太原、呼和浩特、沈阳、大连、长春、哈尔滨、南京、苏州、杭州、宁波、合肥、铜陵、福州、厦门、南昌、宜春、郑州、济南、泰安、青岛、武汉、宜昌、长沙、广州、深圳、南宁、海口、成都、广元、德阳、贵阳、昆明、拉萨、日喀则、西安、咸阳、兰州、西宁、银川、乌鲁木齐。

北京市垃圾
分类 2-7-1

Note

第三单元

掌握厨房成本核算

一、单元概述

成本核算是厨师必修的科目，树立成本意识、会核算成本是厨师素养的重要组成部分。本单元主要学习厨房成本的构成与核算。学生通过学习，应掌握菜品原料成本核算、成品菜成本核算、菜品价格计算、中档筵席成本及价格核算等内容。另外，根据企业实际工作要求，将单元学习任务分别划分到水台、砧板、冷菜、热菜、面点等厨房，结合具体原料和制品进行成本核算，有利于学生将课堂学习与工作任务紧密联系起来。

二、单元学习目标

（1）主、配料净料成本核算，理解净料率的含义。

（2）掌握菜点成本构成及核算方法。

（3）掌握菜品销售价格计算方法。

（4）掌握中档筵席菜单成本及销售价格核算方法。

（5）在实践中强化成本意识，提升厨师素养。

三、单元学习要求

（1）结合烹饪原料和菜品，在实践中运用所学知识。

（2）加强数学与烹饪的融合，提高计算能力。

任务一

水台厨房成本核算

【任务描述】

张师傅要求李宇在水台厨房完成土豆、尖椒、木耳净料率的核算,从而掌握菜品原料经初加工处理后所得净料及净料率的计算方法。

【学习目标】

(1)了解毛料、净料及净料率的概念。

(2)学会净料率的计算方法。

(3)初步树立成本意识。

【任务学习过程】

净料率是厨房成本控制的关键环节,一般在原料初加工时,可通过净料率来控制成本。同一种烹饪原料可因厨师的技术水平不同而得出不同的净料率。因此,净料率核算也可在一定程度上判定厨师的技能。干货原料经涨发得净料,其净料率也可称为涨发率。要完成学习任务中的土豆、尖椒、木耳的净料率核算(表 3-1-1,表 3-1-2,表 3-1-3),可按如下步骤进行:①毛料称重;②刀工处理毛料并对净料称重;③核算净料率。

表 3-1-1　对毛料进行称重

毛料概念	毛料外观		毛料重/g
毛料:没有经过加工处理的原料	土豆		263
	尖椒		250
	木耳		36

表 3-1-2　按加工要求对毛料进行刀工处理并对净料称重

净料概念	加工要求及净料外观	净料重/g
净料:毛料经过加工处理用来配制成品的原料	土豆加工要求:洗涤,去皮	210
	尖椒加工要求:去除根、籽,洗涤	175
	木耳加工要求:拣洗,泡发	216

表 3-1-3　核算各种原料的净料率

净料率概念	净料率	厨房参考净料率
净料率$=\dfrac{净料重}{毛料重}\times 100\%$ 净料率:表达净料率的名称很多,厨房经常使用的除净料率外,还有出材率、熟品率、涨发率、出成率等。净料率具有概括性,可以按具体加工情况来定,如对于苹果去皮加工可以用净料率表示,而牛肉加工成酱牛肉、猪肉加工成叉烧肉等,则可以用熟品率来表示。净料率一般受原料质量、产地、季节和厨师加工技术水平等因素的影响	土豆净料率$=\dfrac{210}{263}\times 100\%$ $=79.8\%$	80%
	尖椒净料率$=\dfrac{175}{250}\times 100\%$ $=70\%$	70%
	木耳净料率$=\dfrac{216}{36}\times 100\%$ $=600\%$	500%~1000%

Note

【任务评价】

见表 3-1-4。

表 3-1-4 "水台厨房成本核算"任务评价

评价内容	评价标准	分值/分	得分/分
任务完成情况	能正确计算土豆、尖椒、木耳三种原料的净料率	2	
	能正确运用净料率公式计算课后练习题	2	
	能依据净料率推算净料重	1	
合计			

【知识链接】

各类原料净料率参考表(表 3-1-5 至表 3-1-7)。

在线答题
3-1-1

表 3-1-5 蔬菜类原料净料率参考表

毛料品名	净料刀工处理	净料		下脚料、废料损耗率/(%)
		品名	净料率/(%)	
白菜	除老帮、叶、根,洗涤	净菜心	80	20
菠菜	除老叶、根,洗涤	净菜	80	20
时令冬笋	剥壳,去老根	净冬笋	35	65
时令春笋	剥壳,去老根	净春笋	35	65
无叶莴苣	削皮,洗涤	净莴苣	60	40
西葫芦	削皮,去籽,洗涤	净西葫芦	70	30
茄子	去头,洗涤	净茄子	90	10
冬瓜、南瓜	削皮,去籽,洗涤	净冬瓜、净南瓜	75	25
丝瓜	削皮,去籽,洗涤	净丝瓜	55	45
卷心菜	除老叶、根,洗涤	净卷心菜	70	30
芹菜	除老叶、根,洗涤	净芹菜	70	30
青椒、红椒	除根、籽,洗涤	净椒	70	30
菜花	除叶、梗,洗涤	净菜花	80	20
大葱	除老皮、根须,洗涤	净大葱	70	30
小黄瓜	削皮、去籽,洗涤	净黄瓜	75	25
大黄瓜	削皮,去籽,洗涤	净黄瓜	65	35
圆葱	除老皮、根须,洗涤	净圆葱	80	20
山药	削皮,洗涤	净山药	66	34
萝卜	削皮,洗涤	净萝卜	80	20
土豆	削皮,洗涤	净土豆	80	20
莲藕	削皮,洗涤	净莲藕	75	25
蒜苗	去头,洗涤	净蒜苗	80	20

Note

表 3-1-6   肉类原料净料率参考表

毛料品名	净料处理项目	净料		下脚料、废料损耗率/(%)
		品名	净料率/(%)	
出骨腿肉	拆卸分档	肉皮	11	1
		纯精肉	23	
		一般精肉	54	
		肥膘	11	
出骨夹心	拆卸分档	肉皮	11	1
		一般精肉	58	
		小排	14	
		肥膘	16	
小排	焯水,加糖醋	糖醋小排	75	25(加热)
大排	去皮,焯水	净排	90	10
猪头	煮熟去骨	熟猪头肉	56	44(去骨加热)
猪脚	去爪壳,洗涤	净猪脚	80	20(加热)

表 3-1-7   干货类原料净料率参考表

毛料	净料刀工处理	净料	
		品名	净料率/(%)
冬菇	拣洗,泡发	水发冬菇	250～350
香菇	拣洗,泡发	水发香菇	200～300
木耳	拣洗,泡发	水发木耳	500～1000
银耳	拣洗,泡发	水发银耳	400～800
粉条	拣洗,泡发	湿粉条	350
干贝	拣洗,泡发	水发干贝	200～250
海米	拣洗,泡发	水发海米	200～250
刺参	拣洗,泡发	水发刺参	400～500
干鲍鱼	拣洗,泡发	净水鲍鱼	150～175
海带	拣洗,泡发	净水海带	500
黄花菜	拣洗,泡发	水发黄花菜	20～40

Note

任务二

砧板厨房成本核算

扫码看课件

【任务描述】

张师傅要求李宇在砧板厨房完成土豆丝及鲤鱼净鱼片的成本核算。

【学习目标】

(1) 了解一料一档及一料多档原料的含义。

(2) 掌握一料一档类、一料多档类原料净料成本的核算方法。

(3) 初步树立成本意识。

【任务学习过程】

砧板厨房主要负责原料的精细加工成形与配份,要依据菜单要求和配份标准将原料进一步做刀工细处理。而原料在切配时,有些毛料只得到一种可以利用的净料,称为一料一档类原料。有的毛料经切配后在取得一种净料的同时又可以得到一些下脚料和废料,有些下脚料是可以作价利用的,称为一料多档类原料。要完成学习任务中的土豆、鲤鱼的净料成本核算(表 3-2-1 至表 3-2-3),可按如下步骤进行:①称量毛料重及记录其成本价格;②将土豆去皮、切丝、称重,将鲤鱼去鳞鳃,内脏分档取料得净鱼片、鱼头、鱼骨,分别称重;③计算净料成本;④总结原料净料成本的计算公式。

表 3-2-1　毛料及其价格

毛料外观	毛料重/kg	价格
土豆	0.263	4 元/kg
鲤鱼	1.2	15.6 元/kg

Note

表 3-2-2　刀工处理原料并称重

刀工处理后所得净料		净料、下脚料重量	毛料总值/元
土豆丝		0.228 kg	0.263×4＝1.052
鲤鱼分档取料	鱼片	0.47 kg	15.6×1.2＝18.72
	鱼骨和鱼头	鱼骨 0.3 kg(2 元/kg) 鱼头 0.2 kg(12 元/kg)	
	鳞、鳃、内脏	未作价	

表 3-2-3　净料成本计算

原料分类	各类原料的概念	净料成本计算公式	净料成本
一料一档类	毛料经过加工处理后,只有一种净料,没有可以作价利用的下脚料或废料,称为一料一档类	净料成本＝$\dfrac{毛料总值}{净料重}$	土豆丝的净料成本 ＝0.263×4÷0.228≈4.6(元/kg)
一料多档类	毛料经过加工处理后,得到一种净料,同时又有可以作价利用的下脚料或废料,称为一料多档类原料	净料成本 ＝$\dfrac{毛料总值－下脚料价－废料价}{净料重}$	鱼片的净料成本 ＝$\dfrac{18.72－0.2×12－0.3×2}{0.47}$ ≈33.45(元/kg)

Note

【任务评价】

见表 3-2-4。

表 3-2-4　"砧板厨房成本核算"任务评价

评价内容	评价标准	分值/分	得分/分
任务完成情况	能正常描述一料一档类原料与一料多档类原料的不同点	2	
	能正确运用不同原料的净料成本公式计算课后练习题	2	
	分析降低原料净料成本的有效方法,提供一条合理化建议	1	
合计			

【知识链接】

在线答题
3-2-1

关于成本核算与成本控制的一些小知识

一、净料成本核算

在实际工作中,从事饮食制品的单位每日购进鲜活原料的品种数量很多,通常采用"成本系数法"和"净料率法"计算净料的单位成本。

❶ **成本系数法**　某种原料净料的单位成本与其毛料单位成本之比。其计算公式为

$$成本系数 = \frac{某种原料净料单位成本}{某种原料毛料单位成本}$$

成本系数确定后,购进鲜活原料清选整理后的净料单位成本可直接根据成本系数计算。其计算公式为

$$某种原料净料单位成本 = 该种原料毛料单位成本 \times 成本系数$$

需要注意的是,成本系数不是一成不变的,企业应根据毛料价格的变动及毛料的等级等因素,作适时合理的调整。

❷ **净料率法**　净料重与毛料重之比,其计算公式为

$$净料率 = \frac{净料重}{毛料重} \times 100\%$$

净料单位成本则用毛料购进总成本除以净料重求得,其计算公式为

$$净料单位成本 = \frac{毛料购进总成本}{净料重}$$

对于泡发料,因经过泡发过程,数量必然发生变化,因此也需要重新计算其单位成本。计算公式为

$$泡发料单位成本 = 干货总成本 / 泡发材料总量$$

泡发过程中如果用其他材料,则用其成本与干货总成本之和除以泡发后材料总量,求得泡发料单位成本。

二、酒店厨房成本控制要点

（一）初加工——原料净料率控制

厨房生产加工的第一道工序是食品原料的初加工，而食品原料的出成率，即净料率的高低直接影响到食品原料的成本，所以提高食品原料初加工的出成率，就是提高初加工的净料率，降低损耗。提高食品原料初加工的出成率，主要应该抓好组织加工、合理操作，使其物尽其用，把食品原料的损耗降到最低。

（二）细加工——原料出成率控制

经过细加工的食品原料，刀工处理后可形成块、片、丝、条、丁、粒、末等不同的规格和形状。下刀时要心中有数，用料要合理，力争物尽所用，避免刀工处理后出现过多的边脚余料，降低原料档次，影响原料的使用价值。

（三）控制出成率，掌握净料成本

食品原料在细加工过程中可出现折损和降档次用料，为此，要在保证加工质量的前提下争取提高净料重，控制出成率，对刀工处理后的各种原料，应该根据原料的档次和出成率，准确计算净料成本，以便为配菜核定每份菜品成本提供依据。

任务三

冷菜厨房成本核算

扫码看课件

【任务描述】

在掌握了主、配料净料率及净料成本的核算方法后,李宇要学习冷菜的成本核算,独立完成糖醋莲花白及五香酱牛肉的成本核算。

【学习目标】

(1) 了解冷菜单一菜品成本构成。

(2) 掌握冷菜成品菜成本核算方法。

(3) 树立菜品成本意识。

【任务学习过程】

冷菜厨房主要负责酒店及餐厅的冷菜菜品制作,具有较高的成本控制难度。如每天的菜品量不宜太多,否则超过原料保鲜时段就要扔掉,造成浪费,增加成本。另外,冷菜成品配份要求更精准,利于控制成本,保证利润。要完成学习任务中的糖醋莲花白及五香酱牛肉的净料成本核算,可按如下步骤进行。

(1) 明确两种菜品的主料、配料及调料用量及单价。

(2) 核算菜品成本(表 3-3-1,表 3-3-2)。

(3) 总结菜品成本核算公式。菜品成本是菜品定价的主要依据,合理控制菜品成本也是厨房管理工作的重要组成部分。菜品成本核算公式为

$$菜品成本 = 主料成本 + 配料成本 + 调料成本$$

表 3-3-1　菜品主料、辅料及调料的用料和单价

菜品	主料重及单价	配料重及单价	调料作价
糖醋莲花白	圆白菜 250 g(4 元/kg)	胡萝卜 50 g(6 元/kg),红辣椒 50 g(8 元/kg)	糖 100 g、醋 50 g 及其他调料共作价 3 元

续表

菜品	主料重及单价	配料重及单价	调料作价
五香酱牛肉	牛肉 500 g （80 元/kg）		葱、姜、香料及各种调料 共作价 10 元

表 3-3-2　核算菜品成本

菜品名称	主料成本/元	配料成本/元	调料成本/元	总成本/元
糖醋莲花白	圆白菜（250÷1000）×4＝1	胡萝卜和红辣椒（50÷1000）×6＋（50÷1000）×8＝0.7	糖、醋及其他调料估算 3	1＋0.7＋3＝4.7
五香酱牛肉	牛肉（500÷1000）×3＝1.5		葱、姜、香料及各种调料估算 10	1.5＋10＝11.5

【任务评价】

见表 3-3-3。

表 3-3-3　"冷菜厨房成本核算"任务评价

评价内容	评价标准	分值/分	得分/分
任务完成情况	准确说出菜品成本构成及菜品成本公式	2	
	正确完成课后练习与作业中的练习题	3	
合计			

【知识链接】

在线答题
3-3-1

关于菜品成本核算的小知识

一、菜品的成本核算

冷菜厨房的成本核算，给出的菜品配料是净料，计算菜品成本的公式为

$$菜品成本＝\frac{毛料总价－下脚料、废料总值＋调味品总值}{菜品重量}$$

这里所求的菜品成本是指单价成本，即此菜品每克或每千克的价钱，而不是总成本。

Note

二、原料单位成本核算

原料单位成本是核算菜品成本的依据,同样也包括面点。在以上任务中计算的豆沙包及果酱酥盒的原料成本都是直接给出的,而一般原料成本的计算方法主要有以下两种类型。

(1) 不需初加工而直接配制点心的原料成本就是其进价成本。

(2) 需初加工的原料,也就是加工前后原料质量有变化的,原料单位成本为加工前原料的进货总值除以加工后原料的质量。

$$原料单位成本 = \frac{加工前原料进货总值}{加工后原料质量}$$

原料单位成本确定后,就可以按本节任务完成的步骤来计算批量制作的面点的单位成本,如果是筵席点心成本核算,只需将组成筵席的各种点心的原料成本相加,其总值即为该筵席的点心成本。

任务四

炒锅厨房成本核算

扫码看课件

【任务描述】

在掌握了主、配料净料率及净料成本的核算方法后,李宇要学习热菜成本的成本核算,独立完成鱼香肉丝及尖椒土豆丝的成本核算。

【学习目标】

(1)了解单一菜品成本构成。

(2)掌握成品菜成本核算方法。

(3)探讨在保证质量的前提学习降低成品菜成本的有效方法。

【任务学习过程】

菜品成本只计算直接体现在菜点中的消耗,即构成菜点原料耗费之和,包括菜品的主料、配料和调料,而生产过程中的其他耗费(如水电、燃料的消耗,劳动报酬,固定资产折旧等)都作为"费用"处理,由企业会计另设科目计算,在厨房范围内一般不进行计算。要计算鱼香肉丝及尖椒土豆丝的菜品成本,可按如下步骤完成。

(1)明确两种菜品的主料、配料及调料用量及单价。

(2)核算菜品成本(表 3-4-1,表 3-4-2)。

(3)总结菜品成本核算公式:菜品成本是菜品定价的主要依据,合理控制菜品成本也是厨房管理工作的重要组成部分。菜品成本核算公式为

$$菜品成本＝主料成本＋配料成本＋调料成本$$

由于调料的使用范围广且用量少,一般各餐饮企业根据自身企业规模及运营特点对每种菜品调料进行估价。

表 3-4-1 菜品主料、辅料及调料的用料和单价

菜品	主料重及单价	配料重及单价	调料作价
鱼香肉丝	猪通脊肉 200 g,20.8 元/kg	冬笋丝 50 g,20 元/kg;水发木耳丝 40 g,12.7 元/kg	油 60 g 作价 3.18 元,其他调料作价 3 元

Note

续表

菜品	主料重及单价	配料重及单价	调料作价
尖椒土豆丝 	土豆丝 250 g，3元/kg	尖椒丝 50 g，6元/kg	葱、姜等各种调料作价2.5元

表 3-4-2　核算菜品成本

菜品名称	主料成本/元	配料成本/元	调料成本/元	总成本/元
鱼香肉丝	猪通脊丝（200÷1000）×20.8＝4.16	冬笋丝和木耳丝（50÷1000）×20.8＋（40÷1000）×12.7＝1.55	油和其他调料估算3.18＋3＝6.18	4.16＋1.55＋6.18＝11.89
尖椒土豆丝	土豆丝 250÷1000×3＝0.75	尖椒丝 50÷1000×6＝0.3	油和其他调料估算2.5	0.75＋0.3＋2.5＝3.55

（4）探讨降低菜品成本的有效方法。

① 采取合理措施激励厨房工作人员，提高其责任意识。如果厨房激励措施不到位，厨房工作人员责任意识淡漠，操作漫不经心，使用原料浪费，将会提高菜品成本。

② 引出竞争机制，促使厨师多学习、善学习，提高技术水平，从而提高菜品原料的出材率，降低损耗率。

③ 加强厨房管理，减少食品流失。厨房生产的合格产品，常出现被内部人员吃、拿等流失现象。因此，应采取有效的监督机制，减少合格食品的流失，降低菜品成本。

④ 及时维修和更换厨房设备，减少原料损耗。绞肉机老化会造成绞出的肉馅粗细不匀，无法使用，冰箱、冷库温度失控，会使原料腐烂变质，也会提高菜品成本。

【任务评价】

见表 3-4-3。

表 3-4-3　"炒锅厨房成本核算"任务评价

评价内容	评价标准	分值/分	得分/分
任务完成情况	准确说出菜品成本构成及菜品成本公式	2	
	正确完成课后练习与作业中的练习题	2	
	分析降低菜品成本的有效方法,提供一条合理化建议	1	
合计			

在线答题
3-4-1

【知识链接】

调料用料的估算方法

调料种类繁多,但用量较少,而且在使用时往往是随取随用,故难以在事前或烹调中称重,而多采用估算的方法来确定调料的耗用量。

❶ **容器估算法**　在已知某种容器容量的前提下,根据调料在容器中所占空间的大小,估算其数量,再根据调料的进购单价,算出其成本。这种方法一般用来估量液态调料,如酱油、料酒、蚝油、番茄酱等。

❷ **体积估量法**　在已知某种调料体积总量的前提下,估计其使用数量,然后按该调料的进购单价,算出其成本。这种方法大多用于粉质或晶态的调料,如盐、糖、味精、鸡精等。

❸ **规格比照法**　在主料、配料质量相仿,烹调方法相同情况下,根据某些老产品的调料用量,来确定新产品调料用量的一种方法。如根据拔丝苹果的糖、油用量来估算拔丝芋头的糖、油用量,得出拔丝芋头的糖、油用量成本。

Note

任务五

面点厨房成本核算

【任务描述】

李宇要完成豆沙包及果酱酥盒两款中式面点的成本核算,并掌握批量制作面点的单位成本核算方法。

【学习目标】

(1)掌握批量制作面点的成本核算方法。

(2)探讨面点厨房如何更有效地降低成本。

(3)通过面点厨房的成本核算强化学生的成本意识。

【任务学习过程】

面点厨房主要负责主食类食物的加工制作,以批量生产为主,因此其成本核算也以批量成品为主。具体步骤如下。

❶ **单位成本** 呈现豆沙包及果酱酥盒的配料及单位成本(表 3-5-1)。

❷ **单位配料** 核算豆沙包及果酱酥盒的单位配料成本(表 3-5-2)。

表 3-5-1 豆沙包及果酱酥盒配料及单位成本

主食及面点名称	配料及单位成本
豆沙包	(1)面粉 500 g 做 20 个豆沙包皮,面粉进价每千克 6 元 (2)300 g 豆沙馅做 15 个馅心,豆沙馅进价每千克 9 元
果酱酥盒	(1)起酥油 250 g(16 元/千克),面粉 500 g(3.96 元/千克) (2)果酱 100 g(24.4 元/千克),鸡蛋 100 g(11 元/千克),白糖 20 g(13.6 元/千克)

Note

表 3-5-2　豆沙包及果酱酥盒单位配料成本

主食及面点名称	配料成本
豆沙包	(1) 面粉：$\dfrac{500}{1000}\times6\div20=0.15$（元/个） (2) 豆沙馅：$\dfrac{300}{1000}\times9\div15=0.18$（元/个） (3) 豆沙包配料总成本：$0.15+0.18=0.33$（元/个）
果酱酥盒	(1) 起酥油：$\dfrac{250}{1000}\times16=4.00$（元） (2) 面粉：$\dfrac{500}{1000}\times3.96=1.98$（元） (3) 果酱：$\dfrac{100}{1000}\times24.4=2.44$（元） (4) 鸡蛋：$\dfrac{100}{1000}\times11.0=1.10$（元） (5) 白糖：$\dfrac{20}{1000}\times13.6=0.272$（元）

❸ **批量制作面点的成本核算方法**　成批制作的面点，一般先求出每批面点的总成本，然后再根据这批面点的件数，求出单位面点的平均成本。

$$单位面点平均成本=\frac{本批面点所耗用的原料总成本}{面点数量}$$

本批面点所耗用的原料总成本＝主料成本＋配料成本＋调料成本

❹ **面点厨房节约成本的有效方法**　成本是企业竞争的主要手段。控制成本、减少浪费，在不影响质量的基础上降低成本，是市场竞争的主要手段之一。面点厨房的成本控制问题与其他功能厨房有类似之处，如电、气、水等用后要及时关闭，原料使用后要按储存要求妥善保存，避免浪费。此外，还可以从以下几个方面节约成本。

（1）面点成品的制作按照标准菜谱质量标准确定其单位大小，确保规格质量统一。构成面点的配料要用称量的方法严格控制。

（2）在面点熟制过程中，准确运用火力，掌握时间，保证面点的成品火候，提高出成率。

（3）按标准菜谱要求合理调味，保证质量。

【任务评价】

见表 3-5-3。

表 3-5-3 "面点厨房成本核算"任务评价

评价内容	评价标准	分值/分	得分/分
任务完成情况	能准确说出批量制作面点的成本核算公式	2	
	正确计算课后练习与作业中的练习题	2	
	分析降低面点厨房成本的有效方法,提供一条合理化建议	1	
合计			

【知识链接】

确定产品毛利率的依据与原则

在线答题

3-5-1

餐饮企业在确定各种产品毛利率时,一般需遵循以下原则。

(1)凡与人民生活关系密切的大众化饭菜,毛利率应低一些。

(2)宴席和特色风味名菜、名点的毛利率应高于一般菜点的毛利率。

(3)时令品种的毛利率可以高一些,反之应低一些。

(4)用料质量好、货源紧张、操作程序复杂的精致产品,毛利率可以高一些,反之应低一些。

(5)原料成本价值低起售点小的产品,毛利率可适当高一些。

(6)产品新颖、热销的菜点,毛利率可以高些。

(7)菜品操作复杂、技术含量高的菜点,毛利率可以高些。

(8)能使客人惊喜,且市场稀有的产品,毛利率可成倍增高。

(9)菜点需要服务员周密配合而花费较长服务时间的,毛利率需从高核定。

(10)保存时间短、鲜活程度下降的品种,应从低定毛利率。

Note

任务六

中档筵席成本核算

扫码看课件

【任务描述】

张师傅给了李宇两张中档筵席菜单，要求李宇核算出两张菜单的成本及销售价格。

【学习目标】

（1）学会中档筵席成本核算。

（2）利用企业毛利率正确核算筵席菜单价格。

（3）进一步强化菜品成本核算意识。

【任务学习过程】

筵席即宴饮活动，是供人食用的成套肴馔及其台面的统称，也称酒席。古人席地而坐，筵和席都是宴饮时铺在地上的坐具。筵长、席短。后来，"筵席"一词逐渐由宴饮的坐具演变为酒席的专称。一般筵席是由冷菜、热菜、主食、点心等各种菜点按一定规格组成，是一组系列化的菜点。筵席的种类、规格及菜点的数量、质量都在不断发生变化，其发展趋势是菜点倾向少而精，制作更加符合营养卫生要求，菜单设计更突出民族特点、地方风味特色。筵席的成本是由原料费用组成的，属于实际耗用的主料、配料、调料均应列入筵席的成本。对生产和销售过程中的其他耗费，如工资、水电、燃料费、管理费等则作为费用开支，不计入筵席成本。下面学习中档筵席的成本及销售价格核算。

一、两款筵席菜单的总成本

两款筵席的总成本见表 3-6-1、表 3-6-2。

表 3-6-1　筵席一的总成本

菜点类别	菜点成本/元	总成本/元
冷菜	麻辣牛肉丝 20 苏式五香鱼 25 虾仁水果沙拉 15 油吃黄瓜 10 蒜泥腰片 20 美极黑木耳 5 白斩鸡 15 老醋蜇头 12	122

Note

续表

菜点类别	菜点成本/元	总成本/元
热菜	豉汁蒸白鳝 85 夏威夷果炒带子 120 玉环瑶柱脯 75 铁板中式牛柳 90 梅菜扣肉 25 香酥鸭子 40 百花酿香菇 36 葱油鲈鱼 80 蒜蓉芥蓝 10	561
主食、点心、水果	榴莲酥 10 咖喱酥饺 15 西米露 15 扬州炒饭 10 水果拼盘 20	70

表 3-6-2　筵席二的总成本

菜点类别	菜点成本/元	总成本/元
冷菜	五香兔肉 16 红油肚丝 12 香辣菜卷 5 油门烤麸 15 京糕梨丝 8 盐水鸭 12 金钩拌西芹 8 美极黑木耳 5	81
热菜	葱烧海参 105 炸烹虾段 75 黄焖蹄筋 30 腰果炒鸡球 15 铁板黑椒牛柳 48 香菇扒菜心 15 吊烧乳鸽 55 糖醋桂鱼 41 荷塘小炒 10	394

Note

续表

菜点类别	菜点成本/元	总成本/元
主食、点心、水果	美点双辉 20 酱油炒饭 10 水果拼盘 20	50

二、以销售毛利率为依据计算筵席销售价格

以销售毛利率 65% 为依据计算筵席销售价格，如图 3-6-1 所示。

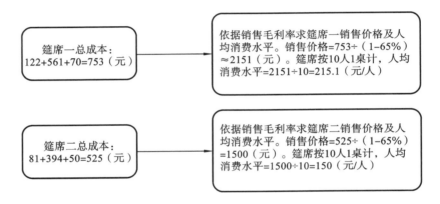

图 3-6-1　以销售毛利率为依据计算筵席销售价格

三、筵席成本及销售价格核算方法

以销售毛利率为依据来核算筵席销售价格：将筵席菜点的成本相加得出总成本，再以销售毛利率为依据，用总成本除以（1－销售毛利率）即为

销售价格＝筵席总成本÷（1－销售毛利率）

为了保障顾客的用餐需求，同时也便于酒店合理订购食材，一般大型筵席如婚筵、寿筵等都要提前预订。对于预订的筵席成本，应按照筵席的规格、费用标准、参筵人数结算方式及相应的成本率来计算。可按如下步骤完成。

（1）根据筵席的规格和费用标准及规定的成本率，计算筵席总成本和单位成本。

筵席总成本＝筵席总售价×（1－销售毛利率）

$$筵席单位成本＝\frac{每桌筵席售价}{筵席桌数}＝每桌筵席售价×（1－销售毛利率）$$

（2）根据筵席等级和各类菜点成本所占的比例，计算各类菜点总成本和单位成本。

某类菜点总成本＝筵席总成本×该类菜点成本在总成本中所占的比例

$$某类菜点单位成本＝\frac{某类菜点单位成本}{筵席桌数}$$

（3）确定每桌菜点品种和个数并分别计算出各个品种的成本。各菜点品种的成本之和应与筵席成本相一致。

【任务评价】

见表3-6-3。

表 3-6-3 "中档筵席成本核算"任务评价

评价内容	评价标准	分值/分	得分/分
任务完成情况	掌握筵席成本及销售价格核算方法	2	
	能依据筵席销售价格核算公式并完成课后练习题	3	
合计			

在线答题
3-6-1

【知识链接】

筵席菜单设计

设计与制定筵席菜单要以了解筵席环境、把握筵席结构为基础,具体如下。

❶ **主题的鲜明性** 筵席不是菜点的简单拼凑,而是一系列食品的艺术组合。筵席要求主题鲜明,设计与制作时要分清主次,突出重点,发挥特长,显示风格,如在婚礼筵席中,菜肴的色彩应鲜亮明快,多用红色、粉色映衬。

❷ **配菜的科学性**

(1) 时令品种。筵席菜肴必须与季节时令原料相结合,要根据季节的变化更换菜肴的内容,特别应注意配备时令菜肴,这样既可控制成本,也有利于发挥菜品原料的营养价值。

(2) 根据筵席的价格水平确定菜单。一般情况下,筵席设计首先必须保量,在保量的基础上尽量满足质。要坚持按质论价、优质优价的配菜原则:筵席规格高的,多用高档原料,并且在菜肴中可以多用荤料,少用辅料;筵席规格低的,多用低价原料、素料,混炒菜多些,点心可用一般的,不用花色的。不论筵席的档次如何,都应保证所有的宾客吃饱吃好。一般来说,人均量控制在500~750 g 净料为宜。

(3) 注意营养配菜。现代筵席比较注意营养设计,在确保筵席的色、香、味、形的前提下,要注重营养搭配。要尽量体现荤素搭配、粗细搭配、低热量、低盐等营养理念。

❸ **合理安排菜肴数量** 菜肴个数少的筵席,每个菜肴的量要丰满些;而菜肴个数多的筵席,每个菜的数量可以灵活些。

❹ **美化筵席** 注意菜肴的美化和色香味形的配合,使筵席产生视觉美,更能激发食欲。

饮食成本核
算的几种方
法 3-6-1

Note

第四单元

配制营养健康膳食

一、单元概述

注重膳食营养，追求健康饮食是人类饮食文明进步的要求，也是烹饪从业人员应具备的理论基础。本单元从介绍人体所需的六大营养素开始，逐步进入中国居民膳食指南、世界居民膳食特点，还介绍了配餐及烹调中的营养保护及食品安全的相关知识。通过系列学习任务的完成，学生具有一定的营养知识，为合理配菜、营养配餐奠定理论，并引导学生树立平衡膳食的理念，为营养膳食的制作与推广做好准备。

二、单元学习目标

（1）掌握食物中的营养素及其食物来源。

（2）了解各营养素主要的生理功能和合理的需求量。

（3）熟悉中国居民膳食指南的具体含义及饮食建议。

（4）认识平衡膳食的重要性，树立健康烹饪、健康饮食的意识。

三、单元学习要求

（1）结合专业技能学习，在实践中运用所学知识。

（2）积极参与专业企业参观与实践，在真实环境中加强对所学知识的理解和运用。

（3）尝试为家庭成员或亲戚朋友研制营养菜单，学以致用。

任务一

探究食物营养素

扫码看课件

【任务描述】

　　张师傅要求李宇选择几种早餐食物,分析其原料构成,了解食物主要营养素及其对人体的积极意义。

【学习目标】

　　(1) 认识食物中的营养素及各种营养素的主要功能。

　　(2) 掌握各种营养素的食物来源。

　　(3) 了解早餐的营养需求,树立健康意识。

【任务学习过程】

一、了解人体所需的六大营养素

　　食物能提供的营养素主要有以下六种:糖类、蛋白质、脂肪、维生素、矿物质、水。

　　同时,这六种营养素也是人体必需的营养素,其中人体对糖类、蛋白质、脂肪需要量大,称为大量营养素,对维生素和矿物质需要量少,称为微量营养素。大量营养素是人体能量的来源,因此又称为产能营养素。

　　(一)糖类

　　糖类是人类最主要的能量来源。每克糖在体内氧化可产生约 16.7 kJ 的能量。人体依靠能量来完成新陈代谢,诸如消化和呼吸。糖类有助于维持人体的正常体温,并节约人体将蛋白质作为能源的需求,避免脂肪供能过程中产生酮体。糖类是构成机体组织的重要物质,主要参与核糖、脱氧核糖、糖脂、糖蛋白等的合成。糖类在合理膳食中的比例是最大的,占人体所需能量的 55%~65%。

　　(二)蛋白质

　　蛋白质是生命的物质基础,是构成细胞的基本有机物,是生命活动的主要承担者。没有蛋白质就没有生命。蛋白质占人体重量的 16%~20%,即一个 60 kg 重的成年人其体内有蛋白质 9.6~12 kg。人体内蛋白质的种类很多,性质、功能各异,但都是由 20 多种氨基酸按不同比例组合而成的,并在体内不断进行代谢与更新。人们主要通过食用蛋类、瘦肉、鱼类、奶类及黄豆类食物来获取蛋白质,谷类、坚果及部分蔬菜中也含有蛋白质,由于其质量不高,不作为蛋白质的主要来源。

（三）脂肪

脂肪是人体能量的重要来源,每克脂肪在体内氧化可产生 37.7 kJ 的能量。它还是人体吸收脂溶性维生素必不可少的物质。食物因为有了脂肪才变得香气扑鼻,可口好吃。伴随着人们生活水平的提高及营养学知识的普及,人们对于脂肪的态度发生了很大的变化,特别是现代人多有瘦身的审美要求,更是不愿摄入过多的脂肪而导致肥胖。但客观来讲,脂肪对于人体有着不可替代的重要作用。在日常饮食中,人们主要通过食用油类、肉类、蛋类、水产类来摄取脂肪。许多营养学家认为,我国近几年饮食结构西化,脂肪摄入过多,是导致肥胖人群增加的主要原因。

（四）维生素

维生素是维持机体正常代谢所需的低分子有机化合物,在机体物质和能量代谢过程中起着重要的作用。维生素不能合成,必须从食物中获取或额外补充。维生素的主要功能包括促进发育,调节代谢,帮助再生与消化,利于人体抗感染,维持神经系统的灵敏性。缺乏时会引起疾病,极端缺乏时会危及生命。烹调时维生素极易遭到破坏,所以掌握适当的烹饪技术对于保护维生素相当重要。

（五）矿物质

矿物质是人体组织结构材料,同时又是酶、维生素、蛋白质的组成成分。人体所需的矿物质种类较多,其中主要包括钙、磷、钾、硫、氮、镁、铁、锰、铜、碘、溴、钴、锌等。矿物质在体内不能合成,必须通过食物和饮水摄取。虽然无机盐在细胞、人体中的含量很低,但是作用非常大,如果注意饮食多样化,少吃动物脂肪,多吃糙米、玉米等粗粮,不要过多食用精制面粉,就能使体内的无机盐维持正常应有的水平。

（六）水

水能够调节人体温度,产生汗液,当通过呼吸不能散热时,它可作为传热器向体外散热。水是人体的润滑剂,对器官、组织能起到缓冲、润滑、保护作用。人体每天需水量约为 2500 mL,其中 300 mL 由体内代谢产生,900 mL 来自食物中的水,1300 mL 左右的水来自饮用水。

二、列举常见早餐类食物

早餐要吃好,既要有馒头、米粥、面条等,还要有副食如鸡蛋、牛奶和蔬菜,如果能搭配水果来吃将更加完美。我国人民早餐一般都有干稀搭配之说,即包子要与粥搭配,油条要和豆浆或豆腐脑搭配。这种搭配可补充人体夜间代谢流失的水分,还可令食物好消化、易吸收,增强就餐者的食欲。早餐食物类型可依据其原料类型分析其营养构成,常见早餐类食物见表 4-1-1。

表 4-1-1　早餐类食物举例

早餐食物		主要原料
馒头		小麦粉、酵母、水

续表

早餐食物	主要原料
八宝粥	大米、糯米、黑米、红豆、芸豆、绿豆等杂豆
汤包	小麦粉、猪肉馅、大葱
油条	小麦粉、植物油
豆浆	黄豆、水
鸡蛋	鸡蛋

三、分析不同原料提供的营养素

（一）小麦粉、大米、黑米、糯米及杂豆类

小麦粉、大米、黑米、糯米及杂豆类属为六大营养素中的糖类，是人类最主要的能量来源。

（二）猪肉馅、鸡蛋

猪肉馅、鸡蛋在中国居民膳食宝塔中属同一层食物，提供的主要营养成分为蛋白质、脂肪、脂溶性维生素。蛋白质是组成细胞的最基本元素。在构成、维护和修复全身细胞组织方面,蛋白质起着不可或缺的作用。脂肪是人体组织的重要组成成分,正常人的脂肪含量占体重的10%～20%,肥胖者可达30%以上。脂肪是人体能量的重要来源,同时也是人体吸收脂溶性维生素必不可少的媒介。

（三）大豆类

黄豆、青豆、黑豆等属大豆类,提供的主要营养成分为优质的植物蛋白质和不饱和脂肪酸,提供六大营养素中的蛋白质和脂肪,且质量上乘,在中国居民膳食宝塔中与奶类和坚果同为一层。

（四）植物油

植物油提供的营养素为脂肪,植物油中含大量的人体不能合成的脂肪酸(必需脂肪酸),易被人体消化吸收,是比较理想的食用油。

（五）水

水是人体必需的六大营养素之一,水是构成生物细胞和体液的重要组成成分,广泛分布在组织细胞内外,构成人体的内环境。水在消化、吸收、循环、排泄过程中,可协助加速营养物质的运送和废物的排泄,使人体内的新陈代谢得以顺利进行。

【任务评价】

见表4-1-2。

表 4-1-2　"探究食物营养素"任务评价

评价内容	评价标准	分值/分	得分/分
任务完成情况	准确叙述食物中营养素的名称	2	
	准确叙述产能营养素的主要生理功能	3	
合计			

【实践活动】

分析三鲜馅(猪肉、虾仁、冬笋)馄饨的原料构成及营养素种类(图4-1-1)。

图 4-1-1　三鲜馅馄饨

Note

【知识链接】

日常晚餐注意事项

健康的饮食对于身体健康、精神状态有非常大的影响。

❶ **少吃肉食**　在多数人的晚餐中，肉是绝对的主角。不论在外应酬，还是在家吃饭，桌上经常有红烧肉、炖猪蹄、炸鸡排……晚上过量摄入红肉和加工肉制品，如热狗、汉堡、香肠等，会增加患肠癌的风险。红肉油炸或烧烤后，会产生异环胺类化合物，也可能导致肠癌，并且红肉纤维含量低，易引起便秘。

❷ **不要吃得太辣**　晚上吃得过咸过辣，如摄入大量辣椒、大蒜及生洋葱等辛辣的食物，易使肠胃产生灼烧感，导致胃食管反流或便秘、大便干燥、消化不良等问题，从而干扰睡眠。

❸ **应适量吃些主食**　中国传统医学强调"五谷为养"，主食摄入不足，容易导致气血亏虚、肾气不足。应保证膳食中谷物等主食占每天所需能量的 50%～60%。晚餐只吃水果，极易造成营养不良和营养不均。

❹ **不要总吃剩饭**　不少老人怕浪费，晚上总吃剩饭剩菜。统计发现，很多胰腺炎尤其是急性胰腺炎的发病，都与不健康的饮食习惯有关，比如暴饮暴食、食用变质食物等。特别是蛋白质含量高的剩鱼、剩肉变质后，对人体危害性更大。

❺ **尽量不吃产气食物**　晚上吃一些在消化过程中会产生较多气体的食物，如豆类、包心菜、绿椰菜、青椒、茄子、土豆、芋头、玉米、香蕉、面包、柑橘类水果和添加木糖醇的饮料及甜点等，这些产气食物会让人产生腹胀感，妨碍正常睡眠。

❻ **少吃甜品**　不少人喜欢在晚餐后吃点甜品，过于甜腻的东西很容易给肠胃消化造成负担。晚餐后活动少，甜品中的糖分很难在身体中分解，进而会转换成脂肪，容易造成肥胖，长此以往也有引发心血管疾病的可能。

❼ **忌"生冷黏硬"**　生冷，一般指未经过烹饪处理的，比较凉的食物，比如西瓜、香瓜、生西红柿等生冷瓜果，或凉拌黄瓜、凉拌海蜇等凉拌菜；而黏硬，则是指汤圆、年糕、切糕等不易消化的食物，以及干煸、干炸、水分很少的干硬食物。

❽ **杜绝过量饮酒**　睡前过量饮酒会使酒中的很多有害物质在体内存积，毒害身体，损伤视网膜，降低抵抗力，并使打鼾和睡眠呼吸暂停综合征明显加重。因此应尽量保证睡前 4～6 小时内不饮酒，晚上的应酬能少则少。

营养素与健康 4-1-1

Note

了解糖类的作用

【任务描述】

　　通过第一个任务的学习,李宇掌握了食物中主要营养素的生理功能,下面要认识人体最主要的能量来源——糖类的具体功能及其家族成员。

【学习目标】

　　(1)了解糖类对人体健康的积极意义。

　　(2)记住糖类的家族成员。

　　(3)学会健康饮食,合理摄取糖类。

【任务学习过程】

　　糖类曾被称为碳水化合物,是由碳、氢、氧三种元素组成的一类化合物,是宏量营养素和能量的主要来源。不同国家人群的膳食中,糖类提供的能量占总能量的比例有很大差别,一般在40%～80%。

一、糖类的家族成员

糖类家族成员见图 4-2-1。

葡萄糖　　　　　　　　　　绵白糖　　　　　　　　　　红糖

图 4-2-1　糖类家族成员

(一)单糖

　　单糖是指结构上由 3～6 个碳原子构成的最简单的糖,有甜味,呈结晶体,易溶于水,可被人体直接吸收利用。一般以蔗糖甜度为基础,定为 100,则葡萄糖甜度为 74,果糖甜度为 170,是糖中最甜者。单糖是一切复杂糖的基本组成单位,常见的单糖有葡萄糖、果糖、半乳糖。

❶ **葡萄糖**　由淀粉、蔗糖、乳糖水解而来,是最利于机体吸收、利用的糖。人体的血糖绝大多数是葡萄糖。

❷ **果糖**　蜂蜜和水果中含有果糖,果糖的代谢不受胰岛素的制约,对血糖的影响较小,故糖尿病患者可食用果糖。但水果中除果糖外还含其他糖类,因此糖尿病患者也要限量食用。

❸ **半乳糖**　主要以结合的形式存在于乳糖、水、苏糖和棉籽糖中。

（二）双糖

双糖是由两个糖分子脱水化合而成的。食物中常见的双糖有蔗糖、乳糖、麦芽糖等。

❶ **蔗糖**　由一分子葡萄糖和一分子果糖脱水化合而成,几乎存在于所有的植物中,尤其在甘蔗、甜菜中含量丰富。蔗糖味甜,甜度是糖的基础甜度,为 100,绵白糖、砂糖、红糖、冰糖的主要成分都是蔗糖。

❷ **乳糖**　乳糖由一分子葡萄糖和一分子半乳糖脱水化合而成,主要存在于奶和奶制品中。鲜奶中乳糖的含量约为 5%。

❸ **麦芽糖**　麦芽糖由两分子葡萄糖脱水化合而成,存在于发芽的谷粒中,尤其是麦芽中。麦芽糖是饴糖的主要成分。饴糖是糕点、面包的配方原料和烹饪常用的原料。饴糖加热时随温度升高可增加成品色泽,在面团中添加麦芽糖可起到松发作用。

（三）多糖

多糖含 10 个或 10 个以上单糖,无甜味、不溶于水,但经消化酶作用可分解为单糖。糖原、淀粉和膳食纤维属于多糖。

❶ **糖原**　糖原在人体肝、肌肉中合成并储存。当膳食中糖的摄入量不能满足机体需求时,可分解产生葡萄糖,以维持血糖浓度和提供肌肉运动所需要的能量。

❷ **淀粉**　主要存在于谷类、根茎类植物中,是人类所摄糖类的主要来源,也是最丰富、最廉价的产能营养素。各类植物中的淀粉含量都较高,大米中淀粉含量为 62%～86%,麦子中淀粉含量为 57%～75%。

❸ **膳食纤维**　膳食纤维是不能被人体消化吸收的多糖,主要是指植物细胞壁的成分,包括纤维素、半纤维素、果胶等。膳食纤维具有刺激胃肠蠕动、帮助排便的作用。膳食纤维在植物性食物中含量丰富。由于加工方法、食用部位及品种不同,膳食纤维含量也不同。如胡萝卜、芹菜、荠菜、菠菜所含的膳食纤维高于西红柿、茄子、菠萝、草莓、香蕉和苹果。同种蔬菜、水果表皮的膳食纤维高于中心部位,所以人们吃未受污染的蔬菜水果时,应尽可能将果皮与果肉同食。我国建议正常成年人每天摄入膳食纤维 25～30 g。

多糖还包括几丁质（壳多糖）、菊糖、琼脂。

二、糖类对人体健康的积极意义

糖类是人体必需的营养素,也是人体能量的主要来源。我国人民在长期的饮食实践中,总结出糖类食物主要是主食（谷类、薯类食物）,应占日常饮食的 60% 左右才是健康合理的。糖类对人体健康的贡献有以下几种。

❶ **供给热能**　机体的生理机能代谢和劳动所消耗的能量,主要用糖类来补充和维持。它具有经济、易消化、迅速满足机体能量需要等特点(18 g 糖类在体内完全燃烧后可产生 16.7 kJ 的能量)。

❷ **构成组织**　糖类是构成机体结构的重要物质并参与细胞的多种活动。例如:糖类与脂肪形成的糖脂是细胞膜与神经组织结构的成分之一;糖类与蛋白结合的糖蛋白,是人体具有重要生理功能的物质(如抗体、某些酶和激素)的组成部分。

❸ **维持血糖**　机体所有细胞、组织和血液循环中都含有一定的葡萄糖。血液正常含糖量为每一百毫升含有 80～120 mg,缺乏或过多均可造成组织损害。

❹ **防止酸中毒**　当摄入足够的糖类食物时,可减少脂肪过多氧化所带来的酸中毒,即当糖类食物摄取不足时,体内因缺糖动用大量脂肪氧化产能而产生中间代谢产物——酮体,可导致酸中毒。

❺ **减少蛋白质消耗**　充足的糖类食物可满足人体能量需求,避免人体消耗蛋白质来获取能量,从而起到节约蛋白质的作用。

❻ **促进肠蠕动**　膳食纤维是糖类的家族成员之一,虽不被人体吸收但可促进大肠蠕动,预防便秘,保持肠道健康。蔬菜水果及粗杂粮中都含有一定量的膳食纤维,可通过合理搭配适量摄取。

三、糖类的食物来源及供给量

(一)食物来源

糖类主要来源于谷类、薯类及膳食纤维(图 4-2-2)。蔬菜、水果是膳食纤维的主要来源。

图 4-2-2　谷类食物、薯类食物及膳食纤维类食物

(二)供给量

糖类供给量取决于机体能量需要量,一般轻体力劳动者每千克体重每日需 7.5 g,中等体力劳动者每千克体重每日需 8.3 g,重体力劳动者每千克体重每日需 13.3 g。摄入糖类过多,会在体内合成脂肪,引起肥胖;摄入糖类过少,会使大脑、肌肉组织得不到充足的能量,危及健康。我国营养学会推荐糖类摄入量为总能量的 55%～65%,应尽量以谷类食物为主,多吃蔬菜和水果,少吃纯糖类食物。

【任务评价】

见表 4-2-1。

表 4-2-1 "了解糖类的作用"任务评价

评价内容	评价标准	分值/分	得分/分
任务完成情况	准确叙述糖类对人体健康的积极意义	3	
	准确叙述糖类的食物来源	2	
合计			

在线答题
4-2-1

【实践活动】

查询糖尿病患者合理的饮食建议。

【知识链接】

糖尿病患者的饮食建议

糖尿病患者一日饮食顺口溜

一个鸡蛋,一袋牛奶　　二两瘦肉,鱼肉更好

三两豆腐,营养丰富　　四两水果,控制少吃

五两主食,粗细搭配　　六两蔬菜,适当多吃

七八分饱,效果最好

一、食谱建议

（一）三宜

五谷杂粮,如荞麦面、燕麦片、玉米面、紫山药等以低糖食物或者粗粮为主食。

豆类及其制品,豆类食物富含蛋白质、无机盐和维生素,且豆油含不饱和脂肪酸,能降低血清胆固醇及甘油三酯。

苦瓜、桑叶、洋葱、香菇、柚子、南瓜可降低血糖,是糖尿病患者理想的食物,长期食用,效果更好。

（二）三不宜

糖尿病患者日常饮食也要警惕"三不宜"。

不宜吃各种糖、蜜饯、水果罐头、汽水、果汁、果酱、冰淇淋、甜饼干、甜面包及糖制糕点。

不宜吃含高胆固醇的食物及动物脂肪,如动物的脑、肝、心、肺、腰,蛋黄、肥肉、黄油、猪牛羊油等,这些食物易使血脂升高,易发生动脉粥样硬化。

不宜饮酒,酒精能使血糖发生波动,空腹大量饮酒时,可发生严重的低血糖,而且醉酒往往能掩盖低血糖的表现,不易发现,非常危险。

烹调上,应尽量采用清淡少油的方式,如炖、烤、卤、红烧、清蒸、水煮、凉拌等。

Note

二、注意事项

（1）定时定量和化整为零。

（2）吃干不吃稀。

（3）吃硬不吃软。

（4）吃绿不吃红。

任务三

认识油脂的功能

扫码看课件

【任务描述】

　　在中餐厨房经常会用到各种食用油,张师傅要求李宇全面了解主要食用油的种类及应用,并对食用油的脂肪酸构成有初步认识。

【学习目标】

　　(1) 了解食用油的分类及功能。

　　(2) 掌握食用油的合理摄取量。

　　(3) 树立健康饮食的意识。

【任务学习过程】

　　伴随人们生活水平的提高及营养学知识的普及,人们对于油脂的态度发生了很大的变化,由单纯追求菜品色、香、味,开始转化为兼顾菜品的营养价值。过多摄入油脂,可导致能量代谢失衡,导致肥胖,从而引发高血压、高血脂、糖尿病等慢性疾病,威胁人类健康。如果油脂摄入过少,不能满足身体代谢需要,特别是正处于生长发育期的青少年,同样是不利的,下面我们先来了解一下食用油脂的种类。

一、食用油脂的种类

(一)花生油

　　花生油(图 4-3-1)是从花生仁中提炼出来的油,含有人体必需的脂肪酸及丰富的维生素 E,易消化。花生油夏季呈透明状,冬季室温低时呈黄色半固体状态。由于花生油在高温(200～300 ℃)条件下,较难发生热氧化聚合,产生有毒物质的可能性比其他植物油低,所以适宜热炒和油炸。

(二)大豆油

　　大豆油(图 4-3-2)含丰富的亚油酸(必需脂肪酸的一种),能显著降低血清胆固醇含量,能预防心血管疾病。大豆中还含有大量的维生素 E 和维生素 D 及丰富的卵磷脂,对人体健康非常有益。大豆油的人体消化吸收率高达 98%,因此大豆油是一种营养价值较高的优良植物油。

(三)菜籽油

　　菜籽油(图 4-3-3)俗称菜油,色泽金黄或棕黄,主产于我国西北和西南地区,产量居世界首位。菜籽油的人体消化吸收率很高,可达 99%,它所含的亚油酸等不饱和脂肪酸和维生素 E 等营养成分能很好地被人体吸收,具有软化血管、延缓衰老的功效。

（四）色拉油

色拉油又称为沙拉油，是以菜籽油或大豆油为原料精制而成的。其色泽澄清透亮，气味新鲜清淡，加热时不变色，无泡沫，很少有油烟，可用于煎、炒、炸、凉拌菜肴，能保持蔬菜和其他食品原有的品味和色泽。

图 4-3-1　花生油　　　　　　图 4-3-2　大豆油　　　　　　图 4-3-3　菜籽油

（五）食用调和油

食用调和油（图 4-3-4）是以均衡营养为目的，以两种或两种以上的植物油为原料，调配成符合人体需要的油脂。调配食用调和油的原料包括大豆油、菜籽油、花生油、棉籽油、米糠油、玉米胚油、油茶籽油、红花籽油、小麦胚芽油等。

（六）橄榄油

橄榄油（图 4-3-5）取自橄榄树的果实，油脂呈黄绿色，具有特殊、温和的香味，是理想的凉拌用油和烹调用油。经常食用橄榄油可预防心脑血管疾病，延缓衰老。

（七）动物油脂

动物油脂一般指猪油（图 4-3-6）、牛油、羊油，动物油脂的熔点较高，如牛油的熔点在 40 ℃左右，人体不易消化，且动物油脂含较多的胆固醇和饱和脂肪酸，长期大量食用，对心血管不利。但是，胆固醇是人体组织细胞的重要成分，是合成胆汁和某些激素的重要原料，动物油脂还是许多脂溶性维生素（如维生素 A、维生素 D、维生素 E）的溶解介质，因此也应适量摄取动物油脂。

图 4-3-4　食用调和油　　　　图 4-3-5　橄榄油　　　　　　图 4-3-6　猪油

二、脂肪的主要作用

（一）提供能量

脂肪是人体能量的重要来源，每克脂肪在体内氧化可产生 37.7 kJ 的能量。机体摄入过多的能量时，不论来自哪种产能营养素，都会以三酰甘油的形式储存于体内。当机体需要时，脂肪

Note

细胞中的酯酶立即分解三酰甘油,释放出甘油和脂肪酸进入血液循环,和食物中被吸收的三酰甘油一起被分解,释放出能量以满足机体需求。

（二）调节生理机能

皮下脂肪能防止热量散失。脂肪还有保护内脏器官、滋润皮肤等作用。

（四）增加饱腹感和改善食品感观性状

膳食中的脂肪可延迟胃的排空（一次进食 50 g 脂肪的高脂膳食,要经过 4～6 小时才能从胃中排空）,从而增加人体的饱腹感。烹调用油可改善食物的感观性状,促进食欲。

三、食用油脂营养价值不同的主要原因

研究表明,食用油脂营养价值不同的主要原因是脂肪酸构成不同。脂肪酸有饱和脂肪酸与不饱和脂肪酸、必需脂肪酸与非必需脂肪酸之分,脂肪酸的种类、性质直接影响油脂的营养价值。

（一）饱和脂肪酸

饱和脂肪酸是指脂肪酸分子结构式中不含双键的脂肪酸,主要来源于动物油脂,还有热带植物油（如棕榈油、椰子油等）,其主要作用是为人体提供能量,同时增加人体内的胆固醇含量。近年来的研究表明,饱和脂肪酸的摄入可增加人体血浆内低密度脂蛋白（LDL）的含量,从而提高心血管疾病的发病率,因此不提倡过多食用动物油脂。但一些脂溶性维生素如维生素 A、维生素 D、维生素 E、维生素 K 往往与动物油脂并存,动物油脂促进了这些脂溶性维生素的溶解吸收。另外,少量胆固醇的摄入,可增加血管的韧性。因此,对于动物油脂,应适量摄入。

（二）不饱和脂肪酸

不饱和脂肪酸是指脂肪酸分子结构中含有双键的脂肪酸,其中含有一个双键的称为单不饱和脂肪酸,含有两个或两个以上双键的称为多不饱和脂肪酸。最常见的单不饱和脂肪酸是油酸,含单不饱和脂肪酸较多的油脂为橄榄油、芥花籽油、花生油等。不饱和脂肪酸主要是亚油酸、亚麻酸、花生四烯酸等,它广泛存在于各种植物油脂中。目前研究认为,不饱和脂肪酸具有降低低密度脂蛋白,提高高密度脂蛋白的功效,因此,不饱和脂肪酸具有降血脂和预防动脉硬化的作用。但同时不饱和脂肪酸中的双键越多,其稳定性越差,在加热过程中易被氧化形成过氧化物,从而降低油脂的营养价值。因此,单不饱和脂肪酸含量高,稳定性不会受到较大影响,同时又不会增加油脂对血脂的影响,是比较理想的。不饱和脂肪酸的双键与氢发生反应,则会形成氢化植物油,也就是人造奶油、人造黄油等。天然油脂中不饱和脂肪酸大多为顺式,而氢化油则是反式的。流行病学资料显示,反式脂肪酸与心脏病具有相关性。反式脂肪酸的摄入量过多时,可使血浆密度脂蛋白升高,高密度脂蛋白下降,增加冠心病的危险性,所以目前不主张过多食用人造奶油、人造黄油（表 4-3-1）。

表 4-3-1　不饱和脂肪酸

种类	分子结构的不同点	存在形式
饱和脂肪酸	脂肪酸的分子结构中不含双键的脂肪酸	动物脂肪
单不饱和脂肪酸	脂肪酸的分子结构中只含一个双键的脂肪酸	橄榄油、花生油等
多不饱和脂肪酸	脂肪酸的分子中含有多个双键的脂肪酸	植物油、鱼类及坚果

（三）必需脂肪酸与非必需脂肪酸

脂肪酸的不同除了依据分子结构来区分外，还可依据其对人体的贡献及能否合成来分类。人体不可缺少而自身又不能合成，必须通过食物供给的脂肪酸，称为必需脂肪酸。反之，人体能合成、不依赖食物供应的脂肪酸，称为非必需脂肪酸。必需脂肪酸缺乏可引起生长迟缓、生殖障碍、皮肤损伤，以及肝、肾、神经和视觉方面的多种疾病，其主要膳食来源为富含多不饱和脂肪酸的植物油。亚油酸、花生四烯酸属于必需脂肪酸，而软脂酸、硬脂酸属于非必需脂肪酸。

【任务评价】

见表 4-3-2。

表 4-3-2　"认识油脂的功能"任务评价

评价内容	评价标准	分值/分	得分/分
任务完成情况	准确叙述油脂的分类	2	
	准确叙述脂肪对人体健康的主要作用	3	
合计			

在线答题

4-3-1

【实践活动】

利用网络资源，列表呈现 10 种食物脂肪酸的含量。

【知识链接】

脑黄金——DHA

脑黄金是深海鱼油中提取出来的一种不饱和脂肪酸，英文缩写为 DHA。研究表明，DHA 是促进大脑发育的重要物质之一。人的大脑有 140 多亿个神经元，而 DHA 大量存在于人脑细胞中，是人脑细胞的重要成分，是构成脑细胞膜的基础，对脑细胞的生长、发育及功能发挥都起着极为重要的作用，是人类大脑形成和智力开发的必需物质，对视觉、大脑活动、脂肪代谢、胎儿生长、免疫功能和避免老年性痴呆都有极大影响，缺乏时可出现一系列症状，包括生长发育迟缓、皮肤异常鳞屑、不育、智力障碍等。

一般海产食物多含有 DHA，深海鱼类含 DHA 较多，尤其是在鱼眼附近的脂肪组织内。但过量补充 DHA 会打破平衡，影响人体健康。

任务四

认识蛋白质对人体的贡献

扫码看课件

【任务描述】

李宇常听到蛋白质对人体健康非常重要,喝奶吃鸡蛋都可补充蛋白质这类话,这激发了李宇对蛋白质的兴趣,恰巧张师傅安排李宇学习蛋白质的相关知识,为营养配餐打好基础。

【学习目标】

（1）认识蛋白质对人体的贡献。

（2）了解蛋白质的种类。

（3）树立健康意识,懂得适量摄取蛋白质。

【任务学习过程】

蛋白质是生命的物质基础,人体的组织、毛发、皮肤、肌肉、骨骼、内脏、大脑、血液、神经、内分泌腺等结构都含有蛋白质,因此,也可将蛋白质称作人体结构性营养素。

一、蛋白质的构成及分类

（一）蛋白质的构成单位——氨基酸

蛋白质是由氨基酸连接而成的。蛋白质分子量很大,结构相当复杂但无论是哪种蛋白质,经水解以后,最终的产物都是 20 种氨基酸。

在这些氨基酸中,有的氨基酸人体自身不能合成或合成不足,必须依靠食物提供,称为必需氨基酸（表 4-4-1）。

表 4-4-1　构成人体蛋白质的氨基酸

必需氨基酸	条件必需氨基酸	非必需氨基酸
异亮氨酸 亮氨酸 赖氨酸 甲硫氨酸（蛋氨酸） 苯丙氨酸 苏氨酸 色氨酸 缬氨酸	胱氨酸 酪氨酸	丙氨酸 精氨酸 天冬氨酸 谷氨酸 甘氨酸 脯氨酸 丝氨酸 天冬氨酸 组氨酸

Note

有些氨基酸人体能合成，不依赖食物供给，称为非必需氨基酸。而胱氨酸及酪氨酸在体内分别由甲硫氨酸和苯丙氨酸转变而来。因此，当膳食中胱氨酸及酪氨酸的含量丰富时，体内不必耗用甲硫氨酸和苯丙氨酸合成这两种氨基酸，这类可减少人体对某些必需氨基酸需要量的氨基酸称为条件必需氨基酸。对人体而言，必需氨基酸尤为重要，任何一种必需氨基酸供给不足，机体蛋白质合成就会因材料缺乏而受阻。

（二）蛋白质的种类

自然界有很多种类的蛋白质，有的蛋白质营养价值高一些，有的蛋白质营养价值低一些，形成差异是由于蛋白质的氨基酸构成不同。依据营养价值可将蛋白质分为以下几种。

❶ **完全蛋白**　所含的必需氨基酸种类齐全，数量充足，而且各种氨基酸的比例与人体所含氨基酸的比例比较接近，容易吸收利用。如肉中的肌球蛋白、肌动蛋白、牛乳中的酪蛋白、乳白蛋白、鸡蛋中的卵白蛋白、卵黄磷蛋白、大豆中的球蛋白等。

❷ **半完全蛋白**　所含的必需氨基酸的种类适合人体需要，但比例不适合，如果作为唯一的蛋白质来源，则只能维持生命，不能促进正常的生长发育。如谷蛋白、玉米蛋白等。

❸ **不完全蛋白**　所含的必需氨基酸种类不全，比例不适宜，不能满足人体所需，如果作为唯一的蛋白质来源，既不能维持生命，也不能促进正常的生长发育。如玉米醇溶蛋白、豌豆中的豆球蛋白、动物结缔组织和肉皮中的胶质蛋白等。

（三）蛋白质的互补作用

两种或两种以上的食物蛋白质混合食用，其中所含的必需氨基酸可取长补短，相互补充，从而提高蛋白质的营养价值，称为蛋白质的互补作用。在配备膳食时要注意以下原则。

（1）同性蛋白质互补作用弱，如动物蛋白质之间，畜肉和禽肉、禽肉与鱼肉等。

（2）异性蛋白质互补作用强，如动物蛋白质与植物蛋白质，谷类和豆类的搭配，都可起到提升蛋白质营养价值的作用。我国传统饮食中的豆沙包、八宝粥、饺子、肉包等都能很好地体现蛋白质的互补作用。

二、蛋白质对人体的贡献

人体中蛋白质占 16%～19%，它在人体中发挥着重要作用。

（一）蛋白质可提供能量

每克蛋白质可提供 16.74 kJ 的能量，人体每天能量有 10%～15% 是由蛋白质提供的。必要时，蛋白质分解产生的氨基酸可直接或间接进入三羧酸循环氧化供能，但供能并不是其主要贡献。因为如果过多摄入蛋白质，特别是动物蛋白质，会产生毒素，对人体有毒副作用。

（二）蛋白质是人体组织细胞的重要构成成分

人体组织、器官，从毛发、皮肤、肌肉到大脑，都以蛋白质为主要成分。蛋白质是机体内所有新增组织和更新组织的重要成分，起到构建机体和修复组织的重要作用。

Note

（三）蛋白质是许多重要生理活性物质的构成成分

人体内大多数重要的生理功能都由以蛋白质为主要构成的物质所承担。如催化体内一切代谢反应的酶，稳定并调节体内物质的激素，承担着运输和交换任务的血浆蛋白、血红蛋白等。另外，人体的渗透压平衡、基因的表达、抗体的形成都与蛋白质相关。

三、蛋白质的来源

（一）蛋白质的食物来源

❶ **动物蛋白质** 来源于肉、禽、蛋、水产类食物，平均含量为 16％～20％，其中蛋类为 12％～14％，鱼类为 18％，乳类为 3％。一般而言，来自动物的蛋白质有较高的品质，含有充足的必需氨基酸。

❷ **植物蛋白质** 谷类蛋白质是一种不完全蛋白，质地差，不能作为人体唯一的蛋白质来源，平均含量为 7％～12％。其中大米中蛋白质含量为 6.8％，小麦粉为 9.4％，小米为 11.7％。大豆类蛋白质质量好，属完全蛋白，如黄豆、黑豆、青豆等，平均含量为 39％。而杂豆（大豆之外的豆类）中蛋白质含量较低，一般为 19％～28％。

（二）蛋白质的适宜摄取量

我国成人蛋白质的供给量应占热能供给量的 10％～15％，儿童、青少年为 12％～14％，具体来讲，每人每日每千克体重需 15 g 蛋白质，一般每人每日不能低于 70 g，劳动强度大者应适当增加至 90～120 g，优质蛋白质供给量应占总蛋白质供给量的 1/2 以上。蛋白质摄取并不是越多越好，过量的蛋白质，在分解过程中产生大量的酸性物质，肝要将这些代谢废物转化为低毒性的尿素，释放到血液中，最后由肾排出。因此，蛋白质过剩对肝肾的压力也很大，因此要适量、足量摄取蛋白质。

【任务评价】

见表 4-4-2。

表 4-4-2 "认识蛋白质对人体的贡献"任务评价

评价内容	评价标准	分值/分	得分/分
任务完成情况	准确叙述蛋白质的种类及主要功能	3	
	准确叙述蛋白质的食物来源	2	
合计			

【实践活动】

自己动手设计一款食物，能充分体现蛋白质的互补原则。

在线答题
4-4-1

Note

【知识链接】

蛋白质缺乏的危害

2004 年,安徽阜阳婴幼儿因食用劣质奶粉而出现面部水肿、精神萎靡症状,危及生命,引起全国关注。经调查劣质奶粉之所以会导致如此严重的后果,究其原因是奶粉中蛋白质含量严重不足所致。

从对此劣质奶粉的检验上看,其中蛋白质含量大多只有 $2\%\sim3\%$,有的甚至只有 0.37%。按照国家卫生标准,婴儿一段奶粉蛋白质含量应为 $12\%\sim18\%$,二段、三段应该不低于 18%。

Note

任务五

了解维生素的秘密

扫码看课件

【任务描述】

　　配制营养膳食时,不可忽略的一个环节,便是维生素的保护。张师傅要求李宇了解维生素的主要功能及营养保护措施,以便在烹饪工作中加以应用。

【学习目标】

　　(1)了解维生素的家庭成员及主要功能。

　　(2)了解常见蔬果中的主要维生素成分。

　　(3)掌握避免维生素损失的有效方法,增强健康意识。

【任务学习过程】

　　维生素是维持机体正常代谢所需的低分子有机化合物。它既不是构成人体各种组织的主要原料,也不是体内的能量来源,但在机体物质和能量代谢过程中却起着重要作用。

一、维生素的家族成员

　　根据溶解性不同,维生素可分为脂溶性维生素和水溶性维生素两大类。脂溶性维生素主要有四种,分别是维生素 A、维生素 D、维生素 E 和维生素 K,它们只能溶解于脂肪或某些有机溶剂(如苯、氯仿),摄入过多易在体内蓄积引起中毒(表 4-5-1);水溶性维生素溶于水,吸收后在体内储存较少,过多摄入会随尿液排出体外,一般不会引起中毒,但过量摄入也可能出现毒性,如长期每日口服维生素 C 达 $2\sim8$ g 时,血液中白细胞的细菌吞噬作用就会受到抑制(表 4-5-2)。

表 4-5-1　脂溶性维生素的生理机能与食物来源

名称及别名	生理机能	食物来源
维生素 A(视黄醇) (β胡萝卜素为维生素 A 原)	维护上皮组织的完整性,参与视觉形成过程、促进成长,抗眼干燥症、夜盲症	动物肝、鱼肝油,其次为蛋黄、奶油、黄油
维生素 D(骨化醇)	促进钙的吸收,调节钙、磷代谢,参与骨的形成,预防佝偻病与软骨病	通过日晒合成,含量较多的有鱼肉、蛋黄和奶油等(牛奶中较少)
维生素 E(生育酚)	具有抗氧化性,可清除体内自由基	多不饱和植物油、绿叶蔬菜、全谷物产品、肝、蛋黄、坚果、种子
维生素 K(凝血维生素)	保持正常凝血机能	消化道内细菌合成,绿叶蔬菜、乳类等

Note

表 4-5-2   水溶性维生素的生理机能与食物来源

名称与别名	生理机能	食物来源
维生素 B$_1$（硫胺素）	抗脚气病	动物性食物主要存在于畜肉、肝、蛋黄、甲鱼等，植物性食物主要存在于谷外皮层和胚芽中
维生素 B$_2$（核黄素）	预防口腔、眼及外生殖器炎症	动物肝、肾、心脏中较多，奶和蛋类中也较丰富，其次是绿叶蔬菜和豆类
维生素 B$_5$（烟酸、尼克酸）	预防癞皮病	动物肝、肾、瘦肉，鱼及坚果类，乳、蛋中含量虽不多，但色氨酸较多，可转化为烟酸
维生素 B$_{11}$（叶酸）	抗贫血因子，预防小儿神经管畸形	动物肝、肾，鸡蛋，豆类，酵母，绿叶蔬菜，水果，坚果类
维生素 B$_{12}$（钴胺素）	预防恶性贫血	动物性食物，如肉、鱼、家禽、贝类、乳、蛋、奶酪等
维生素 C	预防和治疗坏血病	新鲜蔬菜和水果

二、了解常见蔬菜、水果中的维生素及其作用

见表 4-5-3。

表 4-5-3   常见蔬菜、水果所含有的维生素及其作用

蔬菜种类	所含维生素及其作用
胡萝卜	胡萝卜含有 B 族维生素，有润肤、抗衰老的作用。胡萝卜中的胡萝卜素，是维生素 A 的主要来源，有助于维持视力，维持免疫系统的正常机能，还可维持皮肤、黏膜健康
白萝卜	白萝卜是低能量食物，含有较多的膳食纤维、糖类，还含有维生素 C、维生素 E，常吃白萝卜可降低血脂、软化血管，起到预防冠心病、动脉硬化等疾病的作用
绿豆芽	绿豆芽是补充维生素 C 的廉价蔬菜。绿豆发芽过程中，产生大量维生素 C，另外，绿豆芽中还含有糖类、膳食纤维。中医认为，绿豆芽是一道可去火的家常菜，常吃绿豆芽可清热去火，清理肠胃

续表

蔬菜种类	所含维生素及其作用
番茄	番茄又称西红柿,富含胡萝卜素、维生素C,具有抗氧化、延缓衰老的作用。熟制番茄含有番茄红素,能清除自由基,保护细胞。实验证明,番茄在加热过程中,番茄红素和其他抗氧化剂含量显著上升。虽然加热过程中维生素C会有损失,但总体来看,营养价值并未降低
黄瓜	黄瓜为低能量食物。黄瓜中含有一定量的维生素C、钙、磷、钾和铁等,黄瓜还含有丙醇二酸,可以抑制糖类物质转化为脂肪,食之可以充饥但不使人肥胖。中医认为,黄瓜性味甘、凉,有除热、利水、解毒的功效
苦瓜	苦瓜营养价值极高,含有丰富的B族维生素、维生素C、钙、钾等。苦瓜中的苦味部分来自于它所含的有机碱,这种碱不但能刺激人的味觉神经,增进食欲,还可加快胃肠运动,帮助消化。苦瓜中含有铬和类似胰岛素的物质,有明显的降血糖作用。中医认为,苦瓜性味苦、寒,具有清暑涤热、明目解毒功效
茄子	茄子营养丰富,含有维生素C、维生素E以及钙、磷、铁等多种营养成分,特别是可利用的烟酸含量相对较高,可使血管壁保持弹性,防止血管硬化和破裂。值得注意的是,紫皮茄子中含有一种名为龙葵碱的物质,该物质对胃肠有刺激作用,对呼吸中枢有损害,烹调时要充分加热
辣椒	辣椒营养价值较高,它含有蛋白质、糖类、膳食纤维、多种维生素和铁、磷、钙等,在众多蔬菜和水果中,辣椒以含丰富的维生素C和烟酸而著名,而红辣椒中的胡萝卜素含量也较高
柿子椒	柿子椒是辣椒的一种,有红、黄、紫等多种颜色,故又名彩椒。柿子椒含有一定量的糖类、膳食纤维、胡萝卜素、维生素E和叶酸等,尤其是维生素C含量丰富,比茄子、番茄要高,有助于维持皮肤和黏膜健康,具有抗氧化作用

续表

蔬菜种类	所含维生素及其作用
橙子	橙子含有橙皮苷、柠檬酸、苹果酸、琥珀酸、糖类、果胶和维生素 C 等。 橙子味甘,性平,具有生津止渴、疏肝理气、通乳等功效
苹果	苹果含有多种维生素、矿物质、糖类、脂肪等,含有大脑所必需的营养成分。苹果中的膳食纤维,对儿童的生长发育有益,能促进生长和发育。苹果中的锌对儿童的记忆有益,能增强儿童的记忆力。但苹果中的酸能腐蚀牙齿,吃完苹果后最好漱漱口
菠萝	菠萝中含有大量的果糖、葡萄糖、维生素 C、磷、柠檬酸和蛋白酶等物质。每 100 g 菠萝含维生素 C 8～30 mg、胡萝卜素 0.08 mg、蛋白质 0.5 g、脂肪 0.1 g、膳食纤维 1.2 g、糖类 8.5 g、钙 20 mg、磷 6 mg、铁 0.2 mg、硫胺素 0.03 mg、核黄素 0.02 mg、水分 87.1 g
猕猴桃	被誉为"水果之王"的猕猴桃营养丰富,含有丰富的维生素 C、维生素 A、维生素 E,以及钾、镁、纤维素,还含有其他水果比较少见的营养成分——叶酸、胡萝卜素、钙、黄体素、氨基酸、天然肌醇
杧果	杧果有"热带水果之王"的美称,营养价值高。维生素 A 含量高达 3.8%,比杏子还要多出 1 倍。维生素 C 的含量也超过橘子、草莓。每 100 g 杧果果肉含维生素 C 56.4～137.5 mg,有的可高达 189 mg
香蕉	香蕉果肉营养价值颇高,每 100 克果肉含糖类 20 g、蛋白质 1.2 g、脂肪 0.6 g。此外,还含多种微量元素和维生素。其中维生素 A 能促进生长,增强抵抗力

三、避免维生素损失的有效方法

在配送及烹调过程中，操作不当会损失食物的营养成分。为了减少营养流失，首先要了解其损失的途径，在此基础上采取有效措施。

（一）营养成分损失途径

❶ **清洗和削切**　食物的清洗和削切不能过分，否则会损失大量的水溶性维生素。

❷ **氧化**　某些营养成分的损失是因其与氧接触。把食物切成小块，磨成粉，大面积地暴露在空气中，会引起维生素的损失。储存时间过长也会引起氧化。

❸ **光**　阳光会损害某些色素，也会丢失营养。如 B 族维生素和角蛋白（黄色）暴露在阳光下易遭到破坏。

❹ **热**　有些营养成分如维生素 C，遇热会变质或损坏。因此，烹饪的时间越长，这些营养成分遭到破坏的机会就越大。蛋白质也会遇热而损失。

❺ **碱性添加剂**　大部分水溶性维生素，特别是 B 族维生素，遇碱性物质易被破坏，如蒸馒头或烙饼时加小苏打或泡打粉，容易导致维生素流失。

（二）营养成分保护措施

（1）先洗后切，不浸泡，不挤汁，主要是为了防止水溶性维生素的损失。需要挤汁的蔬菜，可将菜汁回收，用来和面，做成彩色水饺或面条，以回收溶解到汁液中的维生素。

（2）急火快炒，加热时间短，可以有效减少维生素和矿物质的损失，最大限度地保留菜品的本味。

（3）用蒸汽热烫代替沸水焯烫，避免维生素 C 溶解于水而损失。蒸菜时应注意要等锅烧开、水蒸气充足，再向锅屉上放菜并迅速盖上锅盖。蒸前先用料酒将菜拌一下，防止叶绿素脱镁变黄。

（4）蔬菜应避光保存，随洗随用，随切随用。

（5）挂糊勾芡。热炒的菜加盐或糖，会很快出现汤汁。用淀粉勾芡，使菜汁包在淀粉中，可以减少维生素 C 的损失。许多蔬菜挂糊再炸，也可以起到这种作用。

【任务评价】

见表 4-5-4。

表 4-5-4　"了解维生素的秘密"任务评价

评价内容	评价标准	分值/分	得分/分
任务完成情况	准确叙述维生素对人体健康的积极意义	3	
	准确叙述维生素的生理机能及食物来源	2	
合计			

在线答题

4-5-1

【实践活动】

　　设计一款菜品，从搭配到烹调方法要体现对维生素的保护。

【知识链接】

与维生素相关的历史故事

一、坏血病

　　达·伽马是 15 世纪后期 16 世纪早期著名的葡萄牙航海家。他经过好望角，开通了欧洲和印度之间的海路。他第一次的航行是从 1497 年 7 月到 1499 年 9 月。他带领 4 艘船，船上共 160 名水手。航行结束时，至少有 100 名水手死于一种奇怪的病：他们先是浑身乏力，食欲减退，然后牙龈出血，并逐渐发展成为口鼻出血，浑身出现淤血点。虽然他们服用了不少药物，但是这种症状还是慢慢地在船上蔓延开来。后来科学家发现这种病是由于饮食中缺乏维生素 C 而导致的。我国早在明朝时就有郑和七下西洋的航海经历，研究发现，郑和下西洋之所以没有出现坏血病，是因为当时船上携带了绿茶和豆子，绿茶含有维生素 C，而豆子可以用来发豆芽作为蔬菜食用，无论是黄豆还是绿豆发成的豆芽都含有丰富的维生素 C。

二、儿童佝偻病

　　17 世纪英国工业革命期间，佝偻病在拥挤的贫民区内的儿童身上非常普遍。一方面，工业发展需要更多的劳动力，所以很多母亲刚生完孩子就被迫出去工作，婴儿就只能依赖代乳品充饥，这使得婴儿食物中维生素 D 的含量减少；另一方面，工业发展产生的多种烟雾和逐渐增高的高层住宅遮住了阳光，加上伦敦本身也是一个多雾的城市，使得孩子们接受阳光照射的机会减少，强度减弱。随着工业城市的兴起，佝偻病成为儿童流行病之一。

三、B 族维生素缺乏症

　　B 族维生素缺乏症又称脚气病，是常见的营养素缺乏病之一。若以神经系统发生病变为主，称干性脚气病；若以心力衰竭为主，则称湿性脚气病。前者表现为上升性对称性周围神经炎，感觉和运动障碍，肌力下降，部分病例发生足垂症及趾垂症，行走时呈跨阈步态等。后者表现为软弱、疲劳、心悸、气急等。1912 年，波兰科学家丰克提取出一种能够治疗脚气病的白色物质，这种物质被丰克称为"维持生命的营养素"，称为维生素，又称维他命。B 族维生素由荷兰科学家伊克曼于 1896 年发现，是最早被人们提纯的维生素。

任务六

了解矿物质对人体的影响

扫码看课件

【任务描述】

张师傅要求李宇上网查找有关矿物质的相关知识,结合专业学习,进一步了解矿物质对人体健康的影响。

【学习目标】

(1) 了解矿物质的家族成员及其对人体健康的影响。

(2) 掌握影响矿物质吸收的主要因素。

(3) 在学习实践中强化健康意识。

【任务学习过程】

一、矿物质的家族成员

矿物质是地壳中自然存在的化合物或天然元素,又称无机盐,是人体内无机物的总称。矿物质是构成人体组织和维持正常生理功能必需的各种元素的总称,是人体必需的营养素之一。

矿物质和维生素一样,是人体必需的元素,矿物质是无法自身产生、合成的,每天矿物质的摄取量也是基本确定的,但随年龄、性别、身体状况、环境、工作状况等因素而有所不同。

根据在体内的含量不同,矿物质可分为两类。

(一)常量元素

常量元素是指占人体总量 0.01％以上,包括碳、氢、氧、氮、磷、硫、钙、镁、钠、钾等元素(表4-6-1)。

表 4-6-1　常量元素及其对人体的影响

常量元素名称	日需要量/g	食物来源	对人体的影响	影响人体吸收的因素
钠	1.5～2.5	动物性食物及盐、调味类	摄入过多,易导致高血压	较少
钾	2～3	肉、乳、水果、蔬菜、调料等	缺乏可导致运动障碍,心肌衰弱	较少

Note

续表

常量元素名称	日需要量/g	食物来源	对人体的影响	影响人体吸收的因素
钙	1	乳及乳制品、肉、鱼、虾、豆腐类	儿童缺乏易患佝偻病，成人缺乏易患骨质疏松，过量会增加肾结石的危险	谷类及某些蔬菜中的植酸及草酸会降低钙的吸收，维生素D可促进钙的吸收
镁	0.3	绿色蔬菜、全谷类食品、坚果类	维持心脏和肌肉的正常机能	过多的磷、草酸、植酸会抑制镁的吸收，氨基酸、乳糖促进镁的吸收
氯	1.5～2.5	食盐、酱油、肉、乳及蛋类	同钠	同钠
硫	由蛋白质提供	高蛋白质食品	一般不会缺乏	较少
磷	0.7	肉类、鱼类、谷物	一般不会缺乏	植酸、草酸会降低磷的吸收，维生素D及适宜的钙磷比将促进磷的吸收

（二）微量元素

微量元素是指占人体重量 0.01% 以下，包括铁、铜、锰、碘、铬、钼、钴、硒、氟等元素（表 4-6-2）。

表 4-6-2 常量元素及其对人体的影响

微量元素名称	日需要量	食物来源	对人体的影响	影响人体吸收的因素
铁	4～6 mg	肉类、动物内脏及蛋类	缺乏易患缺铁性贫血	植酸、草酸会降低铁的吸收，维生素C可促进铁的吸收
锌	2～5 mg	肉类、动物内脏、海产品、乳制品	是酶的激活剂，可提高机体免疫力	植酸、鞣酸和纤维素会阻碍锌的吸收，维生素D促进锌的吸收
碘	100～300 mg	海产品、海盐、加碘盐	是甲状腺激素的成分	萝卜、甘蓝、花菜所含的芥子苷可干扰碘的吸收

续表

微量元素名称	日需要量	食物来源	对人体的影响	影响人体吸收的因素
硒	50～70 mg	海产品、肉、谷物	抗氧化,过量可导致硒中毒	—
氟	1.5～4.0 mg	饮用水	维持牙齿健康	—

二、矿物质对人体健康的影响

（一）矿物质对人体的作用

❶ **构成人体组织成分**　钙、磷是构成骨骼和牙齿的主要成分,铁是构成血红蛋白的主要成分。

❷ **具有调节作用**　在细胞内液及外液中,矿物质与蛋白质一起调节细胞膜的通透性,控制水分的分布,维持渗透压的正常,防止组织水肿。

❸ **参与酶的激活**　矿物质是酶、激素、维生素、蛋白质的组成成分,参与酶的激活,如过氧化氢酶含铁,谷胱甘肽过氧化物酶含硒,甲状腺素含碘,镁离子能激活磷酸酯酶,锰离子能激活异柠檬酸脱氢酶等。

（二）矿物质的特点

（1）矿物质在体内不能合成,必须通过食物和饮水摄取。每天都有一定量的矿物质经新陈代谢随尿液、粪便、汗液、毛发、指甲及上皮细胞脱落而排出体外,当摄入不足时,可造成人体机能障碍。

（2）矿物质在体内分布极不均匀,如钙 99% 分布在骨骼和牙齿中,铁集中分布在红细胞中,碘则集中分布在甲状腺中。

（3）矿物质之间存在协同或阻抑作用。各种矿物质在吸收上存在复杂的相互作用,如钙、磷比例超过 1∶2 时将抑制钙的吸收利用,而过量的锌也会抑制铁的吸收利用。

三、影响矿物质吸收的主要因素

人体对矿物质的吸收利用受到很多因素的影响,除矿物质影响其吸收利用和生物效应外,还有下述重要因素。

（一）食物种类的影响

动物性食物比植物性食物不仅富含锌、铜、铁等必需微量元素,而且吸收利用率也比较高。如植物性食物中的锌元素之所以不易被吸收,主要是由于植酸、纤维素以及草酸的影响。植酸能与锌形成难溶性的盐而不能被人体吸收;纤维素可降低锌的吸收率;草酸虽然不影响锌的生物利用率,但草酸有协同纤维素抑制锌吸收的作用。谷类、水果、蔬菜中的锌之所以不易被吸收,就是由于植酸、纤维素和草酸的影响。

在谷类中,如全小麦、全糯米、全大米、全玉米等,虽然含锌量较高,但吸收利用率低。未发酵的面包、黑面包、玉米饼中的锌吸收也差。面粉中的植酸经发酵后可被破坏,从而提高锌的利用率。食品制作过程中,产生了植酸盐-蛋白质-锌复合物,也影响锌的吸收。

（二）离子间相互作用的影响

由于钙和锌在吸收过程中有相互竞争的特性,所以在饮用硬水的地区,水中钙含量高,影响锌的吸收和运转。铜、锌吸收也有竞争性阻抑作用,影响人体对矿物质的吸收。

补锌可干扰铜的吸收;补铁可抑制锌的吸收;缺铜会影响铁的运转与释放;铁占据运铁蛋白影响铬的转运;铜、钴、砷可抑制亚铁络合酶,阻止铁与原卟啉合成血红素,导致红细胞内缺铁而使骨髓铁沉积。非必需或有毒矿物质元素镉、汞、银可干扰铜的吸收,铅干扰锌与铁的利用。常量元素钙、磷可干扰铁、铜的吸收利用,硫离子和多价磷酸盐分别与铜、锌结合形成难溶性复合物,影响后者吸收。

（三）化学价的影响

人体对矿物质的吸收和利用与其化学价也有很大关系。如二价铁比三价铁吸收好,三价铬的存在形式是人体必需而无害的,而六价铬则有相当强的毒性及致癌性。

【任务评价】

见表 4-6-3。

表 4-6-3　"了解矿物质对人体的影响"任务评价

评价内容	评价标准	分值/分	得分/分
任务完成情况	准确叙述矿物质的种类及对人体健康的作用	3	
	准确叙述影响矿物质吸收的主要因素	2	
总计			

在线答题
4-6-1

【实践活动】

自己设计一个菜品,体现促进矿物质吸收的理念。

【知识链接】

钙与骨质疏松

骨质是否疏松,主要看骨骼中钙的含量有多少。钙的代谢不仅与钙的吸收排出有关外,还与很多因素密切相关。当体内的钙丢失量多于摄入量时,骨骼就会脱钙,从而产生骨质疏松。通常在 35 岁以后,骨骼中的钙含量就会逐渐减少。这时,我们便要注意饮食中钙的摄入。

天然食物中牛奶每百克含钙 100～120 mg,市场销售的袋装牛奶每袋含钙 240～280 mg,每百克酸奶含钙约 118 mg。牛奶易被人体吸收,是补钙的良好食源。豆制品含钙也较多,每百克豆腐含钙约 138 mg。此外,豆制品中还含有大豆异黄酮,对于防治骨质疏松具有较好的效果。虾皮、海带、芝麻酱、银耳等也是钙的很好来源。而谷类食物含有植酸,一些蔬菜如菠菜、茭白和

Note

韭菜等含草酸,易与钙形成结晶盐,会降低钙的吸收,可以通过合理搭配、合理烹调减少其对钙的影响。

维生素 D 是促进钙吸收的主要物质。补充鱼肝油并且经常进行户外活动,有利于钙的吸收。膳食中蛋白质充足有利于钙吸收,钙与一些氨基酸结合形成可溶性钙盐,可增加钙的吸收。乳糖经肠道菌群发酵产酸,与钙形成乳酸钙复合物,可增强钙的吸收。但有一些人群对乳糖不耐受,可通过饮用酸奶来补充钙。

认识水对生命的意义

扫码看课件

【任务描述】

张师傅要求李宇对生命之源——水有一个全面的了解,区别不同饮用水,丰富理论知识,以便在烹饪工作中更好地发挥技能。

【学习目标】

(1)了解饮用水的分类。

(2)认识水的生命意义。

(3)学习正确的饮水方法,健康生活。

【任务学习过程】

水是构成身体的主要成分之一,具有重要的调节人体生理功能的作用。对人的生命而言,断水比断食的威胁更为严重,断食到全身蛋白质消耗50%时才会死亡,而断水到失去全身水分10%就可能死亡,可见水对于生命的重要性。水是人体中含量最多的成分。体液总量可因年龄、性别和体型的胖瘦而存在明显的个体差异。新生儿体液总量最多,约占体重的80%;婴幼儿次之,约占体重的70%。随着年龄的增长,体液总量逐渐减少。

一、饮用水的种类

(一)自来水

自来水是最主要的生活用水,直接取自天然水源(降水、地表水、地下水),经过集中沉淀、过滤、消毒后输入千家万户,水质符合国家饮用水标准。

(二)白开水

白开水是将自来水煮沸(100 ℃)后的水,具有安全卫生、制作方便、经济实惠的优点,且含有丰富的矿物质和微量元素,是首选的生活饮用水。

(三)纯净水

纯净水(图4-7-1)以符合国家生活饮用水标准的水为原料,通过离子交换法、反渗透法、蒸馏法等,去除了水中的悬浮物、细菌和有机污染物,以及钾、钙、镁、铁、锌等人体所需的矿物元素。其优点为纯净,缺点是无任何营养。

(四)矿泉水

矿泉水(图4-7-2)是从地下深处自然涌出或人工开采所得到的未受污染的天然地下水。矿

Note

泉水含有一定的矿物质和微量元素。

（五）矿物质水

矿物质水（图 4-7-3）是通过人工添加矿物质来改善水的矿物质含量而得到的饮用水。添加的矿物质在人体内的吸收、利用及对人体健康的影响还有待进一步研究。

图 4-7-1 纯净水

图 4-7-2 矿泉水

图 4-7-3 矿物质水

二、水对生命的意义

水是人体重要的组成成分，是生命不可缺少的物质。

（一）构成细胞和体液的重要成分

成人体内水占体重的 $50\%\sim60\%$，血液中水占 80% 以上，水广泛分布在组织细胞内外。

（二）参与人体新陈代谢

水具有溶解性和较大的流动性，在消化、吸收、循环、排泄过程中，可协助加速营养物质的运送和废物的排泄，使人体内的新陈代谢得以顺利进行。

（三）调节人体体温

水可吸收代谢过程中产生的能量，在高温条件下，体热可随水分经皮肤蒸发而散失，从而维持人体体温。

（四）润滑作用

在关节、胸腔、腹腔和胃肠道等部位，都存在一定量的水分，可起到缓冲、润滑、保护作用。

三、水的来源及人体的需要量

体内水的来源包括饮水、食物中的水及内生水三大部分。通常每人每日饮水约 1200 mL，食物中含水约 1000 mL，内生水约 300 mL。内生水主要来源于蛋白质、脂肪和糖类代谢时产生的水。每克蛋白质代谢产生水 0.42 mL，脂肪为 1.07 mL，糖类为 0.6 mL。水的需要量主要受代谢情况、年龄、体力活动、温度等因素的影响，年龄越大每千克体重需要的水量相对越小。婴幼儿及青少年的需水量在不同阶段亦有不同，到成年后相对稳定。通常一个体重 60 kg 的成人，每天与外界交换的水量约为 2.5 kg，即相当于每千克体重约需 40 g 水。婴儿所需的水量是成人的 3～4 倍（表 4-7-1）。

表 4-7-1 人体每千克体重的每日需水量

年龄	需水量/(mL/kg)	年龄	需水量/(mL/kg)
1 周～1 岁	120～160	2～3 岁	100～140

Note

续表

年龄	需水量/(mL/kg)	年龄	需水量/(mL/kg)
4～7 岁	90～110	10～14 岁	50～80
8～9 岁	70～100	成年人	40

四、正确饮水的方法

大量饮水会加重肠胃负担,科学的饮水方法是不要一次性大量快速饮水,而是要须经多次少饮。一次性大量饮水,使胃液稀释,降低胃酸的杀菌作用,妨碍食物的消化。一次性饮用过多的水还容易引起人体体液浓度的变化,产生不良后果。此外还应注意以下几点。

(1)早晨起床后、晚上睡觉前都可饮用一杯水,但量不要太大,对于预防血液黏稠有一定作用。人体经过一夜睡眠,会丢失一部分水,造成体内缺水的状态,血液黏稠会增加血栓形成的危险,因此饮用一杯水可起到预防作用。

(2)不要边吃饭边饮水,边吃饭边饮水会稀释胃液,影响消化。

(3)不要口渴才饮水,口渴时细胞已经开始脱水,这时补水已经晚了,应当养成每天按时补水的习惯。

(4)两餐之间应补充水分,因为用餐后动物蛋白质食物消化分解产生一些代谢产物,这些代谢产物有些是有毒的,需要快速地从尿液中排出体外,这需要水的参与。

【任务评价】

见表 4-7-2。

表 4-7-2　"认识水对生命的意义"任务评价

评价内容	评价标准	分值/分	得分/分
任务完成情况	准确叙述水对人体健康的作用	2	
	准确叙述不同种类饮用水的区别	3	
总计			

【实践活动】

结合专业学习,以小组为单位,做一份关于健康饮水的宣传海报。

【知识链接】

常喝碳酸饮料的六大危害

一、越喝越渴

有专家指出,碳酸饮料中含有大量的色素、添加剂、防腐剂等物质,没有一样是对身体有好处的。这些成分在体内代谢时需要大量的水分,而且可乐含有的咖啡因也有利尿作用,会促进水分排出,所以喝碳酸饮料,就会越喝越觉得渴。

在线答题
4-7-1

Note

二、造成肥胖

碳酸饮料一般含有10％的糖分,经常喝容易使人发胖。

三、损伤牙齿

碳酸饮料显然已成为造成龋齿的较常见的饮食来源之一。碳酸饮料中的酸性物质及酸性糖类副产品会软化牙釉质,对牙齿龋洞形成起到促进作用。如果牙釉质软化,再加上不正确刷牙和磨牙等陋习,会导致牙齿损坏。

四、影响消化

碳酸饮料喝得太多对肠胃非但没有好处,而且还会大大影响消化。因为大量的二氧化碳在抑制饮料中细菌的同时,对人体内的有益菌也会产生抑制作用,所以消化系统就会受到破坏。特别是年轻人,一下喝太多,释放出的二氧化碳很容易引起腹胀,影响食欲,甚至造成胃肠功能紊乱,引发胃肠疾病。

五、导致骨质疏松

专家指出,饮用可乐等含磷酸盐的饮料,会影响身体对钙的吸收。碳酸饮料的成分,尤其是可乐,大部分都含有磷酸。通常人们都不会在意,但这种磷酸却会潜移默化地影响人体骨骼健康,常喝碳酸饮料,骨骼健康就会受到威胁。

六、导致肾结石

钙是结石的主要成分。在饮用了过多含咖啡因的碳酸饮料后,小便中的钙含量便大幅度增加,更容易产生结石。如果饮用的咖啡因更多,那么危险就更大。人体内镁和柠檬酸盐原本是可以帮助人预防肾结石的形成的,但在饮用了含咖啡因的饮料后,将这些也排出体外,使得患结石病的危险大大增加了。

熟悉中国居民膳食指南

扫码看课件

【任务描述】

张师傅要求李宇在学习了各种营养素生理功能的基础上,熟悉中国居民膳食指南的具体要求,以便在工作中进行合理配餐、营养配餐,以满足人们在追求品位的同时追求健康的消费需求。

【学习目标】

(1)了解中国膳食宝塔结构。

(2)掌握中国居民膳食平衡指南。

(3)了解世界各国居民膳食结构。

(4)全面树立健康饮食的观念和意识。

【任务学习过程】

中国居民平衡膳食宝塔(图 4-8-1)把平衡膳食的原则转化为食物的质量,便于人们在日常生活中施行。我国居民传统的膳食结构以植物性食物为主,以动物性食物为辅。随着经济发展和居民收入水平的提高,中国居民的膳食结构和生活方式正在发生变化,膳食结构正从传统膳食向高脂肪高能量、低膳食纤维方向改变。因此,做好营养宣传,推广膳食指南的饮食建议非常必要。

一、中国居民膳食宝塔的结构

(一)第一层

谷类、薯类及杂豆,是膳食中能量的主要来源,推荐量为每人每日 250～400 g。谷类食物包括小麦面粉、大米、玉米高粱等及其制品,如米饭、馒头、烙饼、玉米面等。薯类包括红薯、马铃薯等,可替代部分粮食。杂豆类包括大豆以外的其他干豆类,如红小豆、绿豆、芸豆等。

(二)第二层

蔬菜和水果,推荐每人每日应摄入 300～500 g 新鲜蔬菜,200～350 g 新鲜水果。蔬菜包括根、茎、叶、花,豆类、瓜、菌藻类等。深色蔬菜如深绿色、深黄色、紫色等,往往所含的维生素和植物化学物质较丰富,因此深色蔬菜的数量最好占蔬菜摄入量的一半以上。

(三)第三层

畜禽肉类,推荐每人每日摄入 40～75 g。水产品(鱼虾类)40～75 g,蛋类 40～50 g。畜禽肉类包括猪肉、牛肉、羊肉、禽肉及动物内脏;鱼虾类包括鱼类、甲壳类和软体动物性食物;蛋类包括鸡蛋、鸭蛋、鹅蛋、鹌鹑蛋、鸽蛋及其加工品。

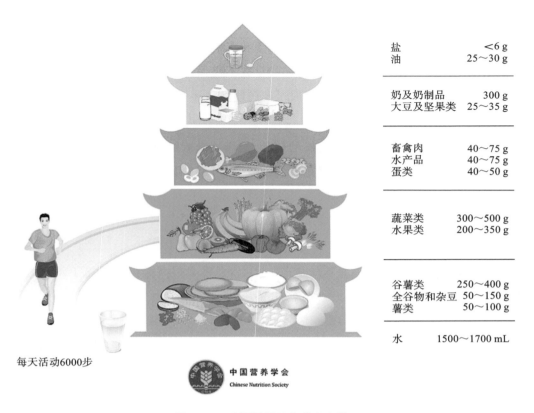

盐	<6 g
油	25～30 g
奶及奶制品	300 g
大豆及坚果类	25～35 g
畜禽肉	40～75 g
水产品	40～75 g
蛋类	40～50 g
蔬菜类	300～500 g
水果类	200～350 g
谷薯类	250～400 g
全谷物和杂豆	50～150 g
薯类	50～100 g
水	1500～1700 mL

每天活动6000步

中国营养学会
Chinese Nutrition Society

图 4-8-1 中国居民平衡膳食宝塔

（四）第四层

奶及奶制品，大豆及坚果类。奶及奶制品包括牛奶、羊奶及马奶等，奶制品包括奶粉、酸奶、奶酪等，但不包括奶油、奶片、黄油及含乳饮料。建议每人每日应摄入奶及奶制品 300 g。大豆及坚果类包括黄豆、黑豆、青豆、花生、核桃等，常见的豆制品包括豆腐、豆浆、豆腐干等，建议每人每日摄入大豆及坚果类 25～35 g，以能提供的蛋白质来折算，相当于 80 g 豆腐干、120 g 北豆腐、240 g 南豆腐、650 g 豆浆。

（五）第五层

油和盐，建议每人每日摄入烹调油 25～30 g，每日摄入食盐不超过 6 g。平衡膳食宝塔给出的食物量指的都是食物的生重，如果要折算成食物熟制后的量，要依据食物成分表进行换算。

二、不同人群的饮食建议

（一）青少年的饮食建议

（1）多吃谷类、供给充足的能量。青少年对能量的需要高于成人且男性高于女性，每日需 10040～11720 kJ。

（2）保证鱼、肉、蛋、奶、豆类和蔬菜、水果的摄入。青春发育期对蛋白质需要的增加尤为突出，每日达 80～90 g，其中优质蛋白质应占 40%～50%，所以膳食中应有足够的动物性食物和大豆类食物；维生素及钙、磷、锌、铁等矿物质对青少年的体力及脑力发育具有重要的作用。

（3）避免暴饮暴食、偏食挑食及盲目节食。对于女孩来说，由于社会风气和习俗影响，往往过多注重自己的体型，盲目减肥甚至节食，可能会严重影响她们的摄食行为，而她们的生理发育特点又要求食入脂肪不能过少。每天摄入动物性脂肪和植物性脂肪的比例为 1：2 最好。有益健康的零食有牛奶、酸奶等奶制品,各种新鲜蔬菜和水果及花生、核桃等坚果类食品。

(4)养成吃早餐的良好习惯。营养充足的早餐不仅保证青少年身体的正常发育,对其学习效率的提高也起到不容忽视的作用,必要时可在课间加一杯牛奶或豆浆。

(二)成年人的饮食建议

进入成年,开始接近易患心血管疾病的年龄,健康饮食就是要多吃蔬菜、水果和鱼。医学界研究发现,西红柿含有一种有益的抗氧化剂(番茄红素),能够预防前列腺癌、肺癌和胃癌。大豆中含有天然雌激素,这使它具有特殊的药用价值,特别是对更年期妇女尤有好处。由于大豆可以降低胆固醇,所以餐桌上一定要给大豆留个位置。

(三)老年人的饮食建议

人到老年,体质渐弱,胃口也大不如从前。所以,食物必须营养丰富且易于消化,可多吃防癌、抗癌的食物,如新鲜蔬菜、菠菜、番茄、芹菜、苹果、枣子、柑橘、菠萝、豌豆、豆芽菜、胡萝卜等。

老年人合理饮食的基本原则是营养全面,品种多样。对于身体很胖或者患有心脑血管疾病的老年人,应少吃油荤。而对大多数老年人来讲,适当地进食些肉、鱼和蛋类,不仅无损,反而有益。老年人消化吸收机能较低,食物应尽量切碎煮烂。油腻或油炸的食物不容易消化,多吃还会使摄入的脂肪过多,应加以节制。

三、世界各国居民的膳食结构

膳食结构是指一个人每天所食用的各类食物的数量及每一类食物在全天饮食数量中所占的比例。

(一)动植物平衡的膳食结构

这种膳食结构以日本为代表。膳食中动物性食物与植物性食物比例适当,膳食能量能满足人体需要又不致过剩;蛋白质、脂肪和糖类的供能比例合理;膳食纤维和铁钙等较充足;动物脂肪不高,可避免营养缺乏症和营养过剩。

(二)动物性食物为主的膳食结构

这种膳食结构以欧美发达国家为代表,属于营养过剩型膳食。粮谷类食物消费量小,人均每日 150～200 g,动物性食物及糖的消费量大,肉类 300 g 左右,食糖甚至高达 100 g,蔬菜、水果摄入少。以高能量、高脂肪、高蛋白质、低膳食纤维为主要特征。这种膳食结构容易造成肥胖、高血压、冠心病、糖尿病等营养过剩型慢性病。

(三)植物性食物为主的膳食结构

这种膳食结构以印度、巴基斯坦和非洲一些国家为代表。其食物摄入特点是,人均日摄入蛋白质仅 50 g 左右,脂肪仅 30～40 g,膳食纤维充足,来自动物性食物的营养素如铁、钙、维生素 A 摄入量常会出现不足。这类膳食结构容易导致蛋白质、能量不足,以致健康状况不良,劳动能力降低,但血脂异常和冠心病等慢性病发病率低。

(四)地中海膳食结构

这种膳食结构以居住在地中海地区(意大利、希腊)为代表。其特点为:富含植物性食物,包括谷类(每天 350 g 左右)、水果、蔬菜、豆类、果仁等;每天食用适量的鱼、禽,少量蛋、奶酪和酸奶;每月食用红肉(猪、牛和羊肉及其产品)的次数不多,主要的食用油是橄榄油;大部分成年人有饮用葡萄酒的习惯。脂肪提供能量占膳食总能量的 25%~35%,饱和脂肪摄入量低(7%~8%),不饱和脂肪摄入量高,膳食中含大量复合糖类,蔬菜、水果摄入量较高。地中海地区居民心脑血管疾病发生率很低,已引起了西方国家的注意,并纷纷参照这种膳食结构改进自己国家的膳食结构。

【任务评价】

见表 4-8-1。

表 4-8-1　"熟悉中国居民膳食指南"任务评价

评价内容	评价标准	分值/分	得分/分
任务完成情况	准确描述中国居民平衡膳食宝塔	2	
	能给出不同人群的饮食建议	3	
总计			

【实践活动】

自己动手设计一天的食谱,不包含食物量,只体现食物品种,要求以中国居民平衡膳食建议为指导。

在线答题
4-8-1

【知识链接】

现代饮食要素

适宜的营养仅仅是健康饮食中的一项因素。随着饮食与疾病关系的揭示,许多消费者都改变了自己的饮食习惯,以求健康长寿。现代饮食要素应包括低热量、低脂肪与低胆固醇、低钠、高纤维、素食。

一、低热量

低热量饮食是指所食用的食物中含糖类、脂肪、蛋白质少,在体内代谢后产生的热量也少。近几年,我国的肥胖人群越来越多。随之而产生的各种慢性病,如糖尿病、高血压也呈上升趋势,甚至已影响到儿童的生长发育。因此,日常饮食应向低热量倾斜。

那么人体需要多少热量呢? 这与人们的年龄、性别及体型等多种因素有关。随着年龄的增长,热量的需求会相应减少,女性需要的热量比男性少,因为女性体内脂肪的比例相对高,基础代谢率(人体在维持呼吸、心跳等最基本生命活动情况下的能量代谢,也指在清晨极端安静的状态下,不受精神紧张、肌肉活动、食物和环境温度等因素影响时的能量代谢)低于男性。

二、低脂肪与低胆固醇

脂肪的热能系数高(每克脂肪中含有比其他营养物更多的热量),如果长期过量摄入脂肪类食物,将会导致热量增高。营养学家建议人体每日所摄入的源于脂肪的热量应保持在 30% 以

Note

下，并且这些热量中的饱和脂肪不应超过 10%，因饱和脂肪中含胆固醇较高。人类生存需要一定数量的胆固醇，人体利用胆固醇合成维生素 D、胆汁和其他多种激素，而胆固醇也是脑细胞及神经细胞的重要组成部分。但如果摄入过多，会在血管壁沉积，引发心脑血管疾病。

三、低钠

食物中食盐成分过多，将会增加患高血压、脑卒中、心脏病的风险，因此咸菜、泡菜、酱类食物由于含盐较多，应适量食用。

四、高纤维

膳食纤维是糖类的一种，多数是指不能被人体消化吸收的植物细胞壁膜的成分。高纤维食物可促进大肠蠕动，预防便秘，从而有助于调节胆固醇，甚至能减少患结肠癌及心脏病的危险。因此，建议人们每天摄入一定量的高纤维食物，如粗粮、杂粮、蔬菜、水果等。

五、素食

越来越多的人开始选择素食，他们以食用蔬菜水果、粮食、豆类食物为主。还有许多人希望减少饮食中的肉类食物，有些人是因为节食原因，有些人是因为道德原因，他们不愿以牺牲动物生命或造成动物痛苦为代价来满足自己的食欲。所以素食也成为一种现代饮食要素。